三维碳纳米材料制备及应用

任晶　任瑞鹏　著

中国石化出版社

内 容 提 要

本书汇集了国内外碳纳米材料领域的最新进展，以专业的视角和通俗易懂的语言，全面系统地对三维碳纳米材料研究的重要成果进行了归纳和总结。内容主要包括：碳纳米材料(富勒烯、碳纳米管、石墨烯等)的发现、结构、性质及制备方法；三维碳纳米材料的制备方法；三维碳纳米材料在应变传感器、超级电容器、锂离子电池等领域的研究和应用等。

本书不仅可以作为新材料、新能源和纳米科技领域本科生、研究生的入门教程以及相关研究人员的专业参考书，也适合对新型碳纳米材料感兴趣的非专业读者阅读。

图书在版编目（CIP）数据

三维碳纳米材料制备及应用／任晶，任瑞鹏著. —北京：中国石化出版社，2021.7(2023.10 重印)
ISBN 978-7-5114-6321-0

Ⅰ.①三… Ⅱ.①任… ②任… Ⅲ.①碳-纳米材料-研究 Ⅳ.①TB383

中国版本图书馆 CIP 数据核字（2021）第 105378 号

中国石化出版社出版发行
地址：北京市东城区安定门外大街 58 号
邮编：100011　电话：(010)57512500
发行部电话：(010)57512575
http://www.sinopec-press.com
E-mail：press@sinopec.com
北京捷迅佳彩印刷有限公司印刷
全国各地新华书店经销
*
710 毫米×1000 毫米 16 开本 7.5 印张 152 千字
2023 年10月第 1 版　2023 年10月第 2 次印刷
定价：38.00 元

前言

碳纳米材料(富勒烯、碳纳米管、石墨烯等)具有一系列优异的力学、电学、热学和光学等性能，在复合材料、能量存储、电子器件等领域有着巨大的应用潜力。为了更好地探索碳纳米材料的应用领域，充分发挥碳纳米材料诸多优异性能，构筑碳纳米材料的三维结构是非常必要的。三维结构碳纳米材料不仅涉及碳纳米材料纳米尺度的本征性质，更重要的是三维结构设计衍生出的新性质。然而，目前三维碳纳米材料的制备及应用仍处于实验室探索研究的阶段，系统地归纳和总结研究成果的书籍较少。

本书围绕三维碳纳米材料展开，全面系统地对三维碳纳米材料研究的重要成果进行了归纳和总结。本书共分为6章。第1章详细介绍了碳纳米材料，包括零维富勒烯、一维碳纳米管、二维石墨烯和三维碳纳米材料的发现历程、结构特征、基本物化性质和制备方法。第2章详细介绍了三维碳纳米材料的制备方法，包括溶胶凝胶法、模板导向法、化学气相沉积法、还原诱导法、模板法及活化法等。第3章至第5章是三维碳纳米材料的应用。第3章介绍了三维碳纳米材料在机械能吸收中的应用，包括低应变速率压缩与高应变缩率冲击下的机械能吸收。第4章从应变传感器基本知识入手，归纳总结了应变传感器的四种传感机理，介绍了三维碳纳米材料用于应变传感器的制备，展望了柔性应变传感器的潜在应用领域。第5章介绍了三维碳纳米材料在超级电容器中的应用。首先介绍了超级电容器的结构、储能机理及应用领域。基于对超级电容器工作机理的认识，总结了目前三维碳纳米材料用作超级电容器电极材料的研究现状。第 6 章介绍了三维碳纳米材料在锂离子电池中的应用，包括锂离子电池的结构、工作原理、电化学过程及应用领域，总结了目前三维碳纳米材料用作锂离子电池负极材料的研究现状。本书不仅可以作为新材料、新能源和纳米科技领域本科生、研究生的入门教程以及相关研究人员的专业参考书，也适合对新型碳纳米材料感兴趣的非专业读者阅读。

本书主要由任晶编写、修改并统校全书，其中任瑞鹏编写第三章。在编写过程中引用了大量国内外学者的研究成果，在此向这些作者表示衷心感谢。中国石化出版社和太原理工大学煤科学与技术教育部重点实验室对本书的出版给予了大力支持，向他们表示诚挚的谢意。

由于编者的水平有限，加之时间仓促，书中的不妥之处，恳请读者提出宝贵意见。

编者

2021 年 5 月

目　录

第1章　碳纳米材料

1.1　引言

碳原子能够与不同杂化状态的碳原子(sp，sp^2和sp^3)或非金属原子形成强的共价键，这使其能够形成从小分子到长链各种各样的结构。这种特性使有机化学和生物化学在生命中发挥重要作用。两个世纪前，碳第一次被证明存在于有机分子和生物分子以及天然碳材料中，如各种类型的无定形碳、金刚石和石墨。尽管金刚石和石墨都是由碳原子组成的，但它们的性质却截然不同。钻石是一种透明的电绝缘体，也是已知最硬的材料。相反，石墨是一种黑色不透明的软材料，具有显著的导电性。这些差异源于每种情况下碳原子的连接方式。金刚石由四面体sp^3碳原子组成，形成独特的大晶体。相比之下，石墨是由堆叠的石墨烯单分子层组成，单分子层通过范德华力相互作用连接在一起。这些石墨烯单分子膜由sp^2碳原子组成，碳原子密集地堆积在二维六边形晶格中。

在过去的几年里，一系列新材料的发现填补了有机分子和天然碳材料之间的空白。这些新材料具有新颖的结构性质，使其具有多种潜在应用。第一个被发现的碳纳米结构是C_{60}分子，它被称为富勒烯，最初在1985年被报道[1]。随后发现了其他几种富勒烯，但C_{60}是迄今为止研究最广泛的。每个C_{60}分子由60个sp^2碳原子组成，这些碳原子排列成一系列六边形和五边形，形成一个球形结构。富勒烯是已知的最小的稳定碳纳米结构，位于分子和纳米材料的边界上。例如，考虑到C_{60}在有机溶剂(特别是甲苯)中的溶解度，可以合理地将其视为一个大的球形有机分子。六年后，随着Iijima发现了碳纳米管(Carbon Nanotubes，CNTs)[2]，碳纳米材料的发展迈出了重要的一步。由于其尺寸和形状，CNTs的性能与C_{60}完全不同。因此，它们的潜在应用是不同的。

在这两种重要碳纳米材料发现之后，紧随着的是其他一系列具有独特结构的碳纳米材料的逐步发展，包括碳纳米角(single-walled carbon nanohorns)[3]和洋葱碳球(onion-like carbon spheres)[4]等。这些材料的发现是非常重要的，它们揭示了碳元素能够形成不同纳米结构的能力，而这种能力在几年前是无法想象的。最近分离出来的碳纳米结构是石墨烯，它是石墨的组成部分。而它的存在早在几十年前就被预言了，1962 年 Boehm 等[5]通过实验证实了它的存在。2004 年 Andre Geim 和 Konstantin Novoselov[6]首先对它进行了分离和表征。石墨烯家族包括几个类似的纳米结构，这些纳米结构由单个石墨烯单层或几个石墨烯单层组成。制造石墨烯的方法多种多样，每种方法产生的产物都具有不同的尺寸和氧等杂质的含量。近年来，人们对石墨烯纳米片的兴趣与日俱增，它由一层或几层单分子膜组成，具有新颖的光电性质。

所有这些碳纳米同素异形体都可以看作是同一个组的成员[7]，因为它们主要由排列在六边形网络中的 sp^2碳原子组成(图 1.1)。这种共同的结构意味着它们都有一些共同的特性，尽管它们由于大小和形状的不同也有显著的差异。它们都具有相似的导电性、机械强度、化学反应性和光学性能。它们最大的区别

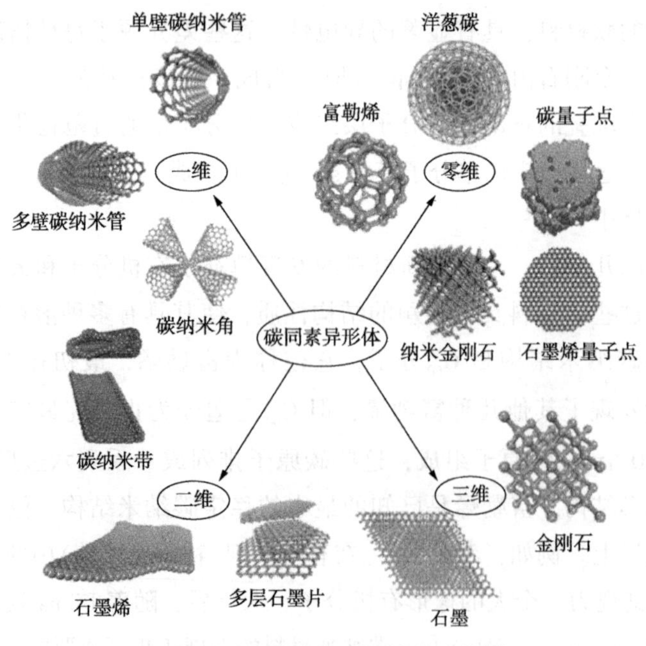

图 1.1　不同维度的碳同素异形体[7]

在于它们在有机溶剂中的分散性：C_{60}是唯一容易溶解的纳米结构，尽管石墨烯在特定的有机溶剂中是分散的。许多其他材料在有机溶剂中只是略微分散，形成不稳定的悬浮液。

由于碳纳米材料优异的物理化学性质，它们在复合材料、传感器、能量存储与转化及催化等领域得到了广泛的研究。随着对碳纳米材料认识的不断深入，以及制备技术的不断发展，人们在碳纳米材料本征性质深入研究的同时，更加关注它的宏观性能的实际应用。碳纳米材料的三维结构不仅涉及碳纳米材料微观尺度的本征性质，更重要的是三维结构设计以及它们之间的作用力。

1.2 碳纳米材料

1.2.1 零维富勒烯

Kroto、Curl 和 Smalley 等于 1985 年发现了富勒烯分子的存在[1]，1996 年的化学诺贝尔奖授予给了他们。富勒烯是继石墨和金刚石之后被发现的第三种形式的碳单质，其也是唯一有确定分子结构的碳材料，之前发现的两种形式的碳结构是由碳原子组成的二维或者三维网状结构，它们的分子结构是不能完全确定的。C_{60}是第一个成功制备出并且含量最丰富的富勒烯成员，具有足球状的空心结构；由于富勒烯结构确定的灵感来源于建筑学家 Buckiminster Fuller 设计的网格球顶，它也被称为 Buckiminsterfullerene。因此，富勒烯与其他碳形式的区别在于，富勒烯分子结构是由化学家完全思维勾画出来的形式。1990 年，Kräschmer-Huffman 直流电弧放电法的开发实现了富勒烯的大规模合成[8]，为富勒烯的发展奠定了基础。从此，富勒烯作为碳家族里最独特及最迷人的同素异形体之一吸引了世人的注意力并得到了广泛研究。

根据富勒烯不同位点的修饰，可以大致将富勒烯分为四类。第一类为不经任何修饰的空心富勒烯，比如说最经典的 C_{60}，随着碳笼的增大，还有 C_{70}、C_{76}、C_{78}、C_{84}、C_{90}、C_{92}、C_{94}等[9-11]。第二类为富勒烯的衍生物，即通过笼外修饰在碳笼上外接一些官能团。第三类为杂环富勒烯，即碳笼上的部分碳原子被别的原子取代，现在报道的杂环富勒烯种类很少，比如说$(C_{59}N)_2$和

$(C_{58}N_2)_2$[12,13]。第四类为内嵌富勒烯，即通过笼内修饰在内部嵌入原子、分子或者原子簇[14]。至今为止，已经有大量的金属元素或者原子簇内嵌入了富勒烯内，根据这些内嵌原子簇的不同分为以下几个类别：①内嵌非金属富勒烯，如 $He@I_h-C_{60}$[15]、$Ne@I_h-C_{60}$[15]、$H_2O@I_h-C_{60}$[16]；②内嵌金属富勒烯，例如单金属内嵌富勒烯($La@C_{2v}(9)-C_{82}$)[17]、双金属内嵌富勒烯($Ce_2@I_h(7)-C_{80}$)[18]、三金属内嵌富勒烯($Sm_3@I_h(7)-C_{80}$)[19]。③内嵌金属原子簇富勒烯，例如 $Lu_3N@I_h(7)-C_{80}$[20] 和 $Sc_2C_2@D_{2d}(23)-C_{84}$[21]。

富勒烯分子是由不同碳原子组成的笼状结构，如典型的 C_{60}分子是由 12 个五边形和 20 个六边形组成的球形 32 面体。传统的富勒烯一般遵从独立五元环规则(Isolated Pentagon Rule，即 IPR 规则)，也就是说五元环之间彼此不相邻，这是由于五元环成对出现会产生较大的应力从而破坏了结构的稳定性。但是随着不同种类的内嵌富勒烯的发现，不遵守独立五元环规则的(non-IPR)内嵌富勒烯被大量报道(例如：$Sc_2@C_66$ 和 $Sc_2O@C_{70}$)，这是因为内部原子簇与碳笼之间的电荷转移能够稳定五元环的成对出现[22,23]。富勒烯除了能由传统的五元环和六元环组成外，近些年来包含有四元环甚至七元环的新结构富勒烯相继报道，比如说 $C_{68}Cl_6$ 和 $C_{96}Cl_{20}$[24,25]。

富勒烯的种类很多，其物理性质相互之间略有差异。在此，以富勒烯 C_{60} 作为代表介绍富勒烯的物理性质。富勒烯 C_{60} 为非极性分子，具有高度对称性，其 60 个原子完全等价。C_{60}外观上为深黄色固体，薄膜加厚时转变成棕色，密度为 1.678g/cm^3；其在高温下不裂解而直接升华，电离势为 2.61eV ±0.02eV，电子亲合势为 2.6~2.8eV。富勒烯在大部分溶剂中溶解性很差，可用芳香性溶剂，如甲苯、氯苯，或非芳香性溶剂二硫化碳溶解[26]。C_{60}的特殊圆球形状和稳定性使 C_{60} 可能成为高级润滑剂的核心材料，将 C_{60} 完全氟化得到的 $C_{60}F_{60}$ 不仅仅是一种超级耐高温材料，更是一种优良的润滑剂。此外，C_{60}分子的特殊形状和极强的抵抗外界压力的能力使其有希望转化为一类新型超高硬度的研磨材料[27]。研究表明，超硬富勒烯的硬度可超越钻石(接近 150GPa)的硬度，其硬度值在 150~300GPa 范围内，成为硬度位列第一的坚硬材料[28]。

另外，就光物理性质而言，原始 C_{60} 的 UV-vis 光谱图几乎覆盖了从紫外到近红外的全部范围，其在可见光区域的吸收带强度比较低[29,30]。在光激发的情况下，C_{60}是一个弱的荧光基团，C_{60}/甲苯溶液在室温下荧光量子产率仅仅为3.2×10^{-4}，峰值位于705nm[31]。C_{60}分子的三重激发态对单分子氧很敏感，因此可以在溶液中观察到其在1268nm的磷光发射。在脱氧介质中，C_{60}的三重激发态通过非辐射的衰减失去活性，包括间接跃迁、自猝灭和三重态-三重态湮灭-重回到基态这些过程[32]。此外，C_{60}的激发态特别是三线态在可见光区域呈现出比基态更强的吸收，除此之外，富勒烯C_{60}还具有相对较长的激发态寿命以及有效的间接跃迁，以上这些特性决定了富勒烯是用于光限制领域中很有潜力的材料之一。

富勒烯分子在很多有机溶剂中普遍溶解度不高，导致它们的应用以及性质研究受到了很大的限制。因此，富勒烯笼子外的化学修饰变得至关重要，富勒烯化学最重要的一个驱动力为加成位点上碳原子由sp^2到sp^3杂化而带来的应变能降低，正因为此，我们推测最易于发生化学反应的位点在于碳笼上最突出的位置上。其中，最经典以及最具普适性的富勒烯衍生化反应主要包括以下几类：氢化反应(还原反应)[33]，卤素加成反应[34]，氧化还原反应[35]，自由基加成反应[36]，环丙烷化(Bingel)反应[37]，[4+2]环加成(Diels-Alder)反应[38]，[3+2]环加成(Prato)反应[39]，[2+2]环加成[40]和多加成反应[41]等。

除此之外，富勒烯还有丰富的电化学性质。理论计算结果表明C_{60}的LUMO和LUMO+1能级均为三重简并分子轨道[42]。由此可以预测C_{60}分子为一个负电性大的分子，每个分子最多可以接受6个电子。循环伏安结果清楚地表明C_{60}有6个可逆的还原峰，分别对应富勒烯单电子至六电子阴离子产物的生成[43]。其同系物C_{70}展现出类似的电化学性质，也具有6个可逆的还原峰[44]。另外，对于更大的富勒烯而言，由于不同的同素异构体的出现，它们表现出更复杂的氧化还原性质。最后，金属富勒烯具有不同于空心富勒烯的电化学性质，在这里不一一赘述。

1.2.2 一维碳纳米管

碳纳米管是碳元素的同素异形体中最具有代表性的一维结构。从1991年Iijima教授发现多壁碳纳米管以来[2]，它以其独特的结构和新颖的性能吸引了广大研究者的兴趣。

碳纳米管是由单层或多层石墨层片卷曲而成的无缝中空管。碳纳米管展示出结构多样性，包括管径、长度和手性的不同。碳纳米管的管径为纳米级，长度可达到厘米级。根据管壁层数的不同，碳纳米管可以分为单壁碳纳米管、双壁碳纳米管和多壁碳纳米管。其中双壁碳纳米管和多壁碳纳米管可以看作由不同管径的单壁碳纳米管套装而成，多壁碳纳米管的层间距一般为 0.34nm[45]。无论是单壁还是多壁碳纳米管都具有很高的长径比，一般为 100~1000，完全可以认为是一维材料。

单壁碳纳米管是碳纳米管家族中比较特殊的一员，根据结构的不同可以分为不同类型的碳纳米管。将单壁碳纳米管展开可以得到一个完整的平面。碳纳米管的结构和性质由它的矢量($\boldsymbol{n}$, $\boldsymbol{m}$)决定。碳纳米管的直径 d 和螺旋角 e 可用矢量($\boldsymbol{n}$, $\boldsymbol{m}$)进行转换。螺旋矢量($\boldsymbol{n}$, $\boldsymbol{m}$)表示某点与原点的对应关系，表达式为 $C_h=\boldsymbol{n}\boldsymbol{a}_1+\boldsymbol{m}\boldsymbol{a}_2$。将轴方向选做参考方向，碳纳米管的螺旋角 θ 为 C_h 与 $\boldsymbol{a}_1$ 的夹角。根据碳原子排列的对称性，不等价的 θ 在 0~30°之间取值。碳键沿着周长方向的方式排列，类似于锯齿(zigzag)，被称为“锯齿型”碳纳米管。$\theta=30°$ 的碳纳米管，即坐标为($\boldsymbol{n}$, $\boldsymbol{n}$)，被称为“扶手椅”(Armchair)型碳纳米管。当 $0<\theta<30°$ 时，即坐标轴($\boldsymbol{n}$, $\boldsymbol{m}$)中 $\boldsymbol{n}-\boldsymbol{m}\neq 0$，这种螺旋型碳纳米管称为“手性型”(Chiral)碳纳米管。碳纳米管的晶格结构决定着其电性，当 $\boldsymbol{n}=\boldsymbol{m}$，或者 $\boldsymbol{n}-\boldsymbol{m}=3j$，$j=0$，1，2，3…在室温下是金属性的；当 $\boldsymbol{n}-\boldsymbol{m}=3j+1$ 或者 $\boldsymbol{n}-\boldsymbol{m}=3j+2$，是半导体性的；当 $\boldsymbol{m}=0$ 时，它可能是金属性或者半导性[46]。

由于碳纳米管中碳原子采取 sp^2 杂化，相比 sp^3 杂化，sp^2 杂化中 s 轨道成分比较大，使碳纳米管具有高模量和高强度。其中针对理想无缺陷结构的碳纳米管进行的理论计算表明其弹性模量在 1~5TPa[47,48]。1996 年，Ebbbesen 首次测量了电弧法制备的单根多壁碳纳米管的弹性模量，通过测试其顶端的热振动，推算出碳纳米管的弹性模量平均为 1.8TPa[49]。之后，Lieber 课题组利用原子力显微镜测量使碳纳米管某端部发生弯曲所需要的外力，发现理想多壁碳纳米管的抗拉强度近 250GPa[50]。碳纳米管也展现出优异的热学性质，其轴向导热系数高达 6600W/(m·K)[51]，与单层石墨基面的热导率相当，可作为理想的散热材料；室温下实验测得单根碳纳米管的热导率是 3500W/(m·K)[52]，也超过了金刚石的热导率。由于碳纳米管具有非常大的长径比，因而其沿着长度方向的热交换性能很高，相对的其垂直方向的热交换性能较低，通过合适的取向，碳纳米管可以合成各向异性的热传导材料。碳纳米管还具有独特的光学特性。碳纳米管存在光致发光效应使它在光电子器件等领域有巨大的应用潜力[53]。碳纳米管电学特性随石墨片的卷曲角度和碳纳米管管径的不同，电子从价带进入导带的能隙变化可从接近零(类金属)连续变化到 1eV(半导体)，并且同结构的单体碳纳米管也有不同的电学性质[54]。

高纯碳纳米管的可控生长和规模化制备是对其进行其结构、性质并加以应用的基础。1991 年，采用电弧法合成碳纳米管以来，为了更好地实现碳纳米管的连续化生产和方便碳纳米管的后续处理过程，研究者发展了一系列诸如电弧法[55,56]、激光法[57、化学气相沉积法[58,59]等技术来制备碳纳米管。

1.2.3 二维石墨烯

石墨烯从理论研究到成功剥离，经历了 60 年。一经发现，石墨烯作为碳材料中的明星材料被认为有望彻底变革材料科学领域，并被期望能广泛应用于传感器、纳米电子器件、储能材料和催化等诸多领域。

石墨烯，即石墨的单原子层(0.34nm)，是碳原子按照 sp^2 成键形成的以蜂窝状排列的二维晶体结构。提取石墨烯结构中一个六元碳环作为研究单元，其碳-碳(C—C)键长为 0.142nm，键能为 1758kJ/mol，由于每个碳原子仅有 1/3 属于这个六元碳环，所以一个结构单元中仅含有 2 个碳原子。六元碳环的面积为 0.052nm^2，由此可以计算出石墨烯材料的面密度为 0.77mg/m^2，理论比表面积高达 2600m^2/g。每个碳原子与相邻的其他 3 个碳原子以 σ 键相连接，成键结合极其柔韧。当受到外力作用时，石墨烯材料表面发生起伏变形，碳原子不需要重新排布便可适应外力的影响，保障其自身结构的稳定。石墨烯材料存在两种边缘，即“扶椅型”(Armchair)和“之字型”(Zigzag)。不同的边缘形式导致石墨烯纳米带具有不同的电学输运，Armchair 型边缘的石墨烯纳米带表现为金属性或者半导体性，而 Zigzag 型边缘的石墨烯纳米带则表现为金属性。根据理论计算，Zigzag 型边缘的形成能最低，易稳定存在，所以石墨烯材料的边缘多以 Zigzag 为主[60]。石墨烯中碳原子具有 4 个价态电子，其中 3 个价态电子形成 sp^2键，即每个碳原子均贡献出一个未成键的电子置于 p_z轨道上，相邻碳原子的 p_z轨道与平面呈垂直方向从而形成 π 键，此时的 π 键为半满状态[61]，所以电子可以在二维石墨烯的体内自由移动，电子受到的干扰很小，在传输过程中不易发生散射[62]，迁移率高达 2×10^5cm^2/(V · s)。其导

电率可达 10^6S/m，面电阻仅为 31Ω/sq。此外，石墨烯的价带和导带在布里渊区中心呈圆锥形接触[接触点称为“狄拉克点(Dirac)”]，特殊的能带结构决定石墨烯材料是零带隙的半导体或半金属[63]。

石墨烯材料特殊的结构，使其具有特殊的性能，自 2004 年被发现以来，石墨烯材料众多优异的性能被陆续发现。石墨烯材料中电子在六角形蜂窝状晶格内传输，其有效质量无任何损失。电子被局限在石墨烯体内传输，在亚微米范围内进行传输不会发生任何散射现象[64]。石墨烯材料中电子的有效质量可忽略不计，凝聚态物理中，通常利用薛定谔方程(Schrodinger Equation)表述传统材料中电子的性质。但是对于石墨烯材料而言，必须利用狄拉克方程(Dirac Equation)进行表述，在布里渊区中将其载流子当成光狄拉克费米子作为研究对象，所以其有效质量为零。石墨烯材料对电子元器件具有梦寐以求的电子特性，如迁移率高达 2×10^5 cm^2/(V·s)，其中电子和空穴的迁移率相同，均高于硅材料两个数量级。石墨烯材料的晶格震动对电子散射作用很小，导致其迁移率几乎不随温度的变化而改变，所以石墨烯材料的载流子可以弹道传输，是目前电阻率最小的材料。

石墨烯材料中的碳原子虽然按照蜂窝状紧密排列，但是光却极易穿透碳原子之间的间隙呈现透明状态，所以赋予石墨烯材料优异的光学性能——高透光性。理论推导与实验结果表明，单层的石墨烯材料对可见光仅有 2.3%的吸收，即透光率为 97.7%，且吸收率与入射光的波长无关。结合理想的狄拉克-费米子理论(Dirac-Fermions)，模拟计算石墨烯材料的透光率，可以验证实验数据的准确性。石墨烯材料的光学特性随着其厚度发生变化，从单层石墨烯到双层石墨烯的透光率相差 2.3%，因此可以根据石墨烯材料的透光率计算其层数。结合石墨烯材料优异的导电性，决定石墨烯材料是一种典型的透明导电薄膜，将来有望替代氧化铟锡(ITO)和掺氟氧化铟锡(FTO)等传统导电薄膜材料。此外，当入射光的强度达到某一个临界值时，石墨烯材料对其的吸收会达到饱和状态，这一非线性的光学行为称之为饱和吸收。在近红外光谱区内，强光辐照下，因为其宽波段吸收和零带隙的特性，石墨烯材料会慢慢地接近饱和吸收。根据这一性质，石墨烯材料可以用于超快速光子学中。

石墨烯材料具有优异的力学特性。Lee 等[65]将石墨烯材料放置在有小孔(孔径为 1~1.5μm)的衬底上，使用金刚石探针对悬浮在小孔上的石墨烯材料进行加压测试，测试其杨氏模量(Young's Modulus)和抗压强度。实验结果表明，其杨氏模量和抗压强度分别为 1.1TPa 和 125GPa。因此，石墨烯材料是地球上已知强度最高的材料，比钻石还硬，比钢铁的硬度还要高 100 倍以上。石墨烯材料的抗压能力也极强，所以石墨烯材料是一种刚性和柔性共存的材料。

石墨烯材料具有突出的导热性能。Balandin 等[66]利用 Raman 激光测试室温下悬浮的单层石墨烯材料的热导率，由于石墨烯材料的热导系数强烈依赖其 Raman 谱图的 G 峰的位移，由此计算其热导率为 5.3×10^{3} W/(m·K)，石墨烯材料的热导率高于碳纳米管和金刚石，是铜的热导率[401W/(m·K)]的 10 倍。基于石墨烯材料优异的热导性，有望应用于微电子和大规模集成电路的散热领域。

石墨烯材料这种特殊的二维晶体结构，还具有许多丰富而新奇的物理现象，如室温量子霍尔效应(Room temperature quantum hall effect)[67]、双极电场效应(Bipolar electric field effect)[68]、铁磁性(Ferromagnetism)[69]、巨磁效应(Magnetoresistance)[70]和超导性(Superconductivity)[71]等一系列特殊性质，基于这些无可比拟的特性，使其成为材料、物理、化学等领域的国际热点研究方向。

为了大力发展石墨烯的应用领域，研究者发展了多种石墨烯的制备方法。这些方法主要可以概括为四类，分别是微机械剥离法[72]、外延生长法[73]、化学气相沉积法[74]和氧化石墨还原法[75]。

1.2.4 三维碳纳米材料

三维碳纳米材料是一类非常重要的碳纳米材料。由于其独特的三维结构，它与传统的低维材料有明显的性能差异，在电子器件、传感器、光电材料等领域有广阔的应用前景。三维碳纳米材料主要分为两大类：传统的纳米多孔碳和新型碳纳米管和石墨烯等材料的三维组装体。

多孔碳材料是以碳元素为主体的一类多孔结构材料，具有比表面积大、化学惰性、高机械稳定性，良好的导电性以及大比表面积和孔体积等特点，在超级电容器、气体吸附、催化和储氢等领域都显示出了巨大的应用潜力。根据国际上对孔径尺寸的公认定义，可以按多孔碳的孔径大小不同分为三类：

微孔碳(孔径<2nm)、介孔碳(2nm<孔径<50nm)、大孔碳(孔径>50nm)。近年来多级孔碳材料的开发应运而生。多级孔碳材料，即一类将两种(或多种)的孔道相互联结构筑形成多维互通网络的新颖结构碳材料。它兼具单一孔材料的性能和多级孔隙结构发达和协同能力，展现出优异的综合性质。历经科技工作者多年的不懈努力，形貌、尺寸、孔径大小和分布、孔道结构、结晶性等理化性质可控的多孔碳新型材料层出不穷，相继被开发出来。

新型三维碳纳米材料包括垂直排列的碳纳米管阵列，海绵和石墨烯泡沫和气凝胶等。通常，三维碳纳米材料可以保持碳纳米管和石墨烯组分的纳米尺度性能，例如优异的导电性、稳定的电荷传输、大的表面积和极好的稳定性。此外，它们还显示三维结构赋予的一些新功能。这些功能包括分层多孔通道，结构稳定性和降低的接触电阻。这些特征对于需要结合电学性能和机械性能的应用领域尤为重要。因此，设计和优化三维碳纳米材料的结构是科学和技术上必不可少的。

参 考 文 献

[1] Kroto H. W., Heath J. R., Obrien S. C., Curl R. F., Smalley R. E. C60-Buckminsterfullerene [J]. Nature, 1985, 318: 162-163.

[2] Iijima S. Helical microtubules of graphitic carbon [J]. Nature, 1991, 354: 56-58.

[3] Geim A. K., Novoselov K. S. The rise of graphene [J]. Nature Materials, 2007: 183-191.

[4] Tchoul M. N., Ford W. T., Ha M. L. P., Grady B. P., Lilli G., Resasco D. E., Arepally S. Composites of single-walled carbon nanotubes and polystyrene: Preparation and electrical conductivity [J]. Chemistry of Materials, 2008, 20: 3120-3126.

[5] Jung Y. J., Kar S., Talapatra S., Talapatra S., Soldano C., Li X. S., Yao Z. L., Ou F. S., Avadhanula A., Vajtia R., Curran S., Nalamasu O., Ajayan P. M. Aligned carbon nanotube-polymer hybrid architectures for diverse flexible electronic applications [J]. Nano Letters, 2006, 6: 413-418.

[6] Ago H., Petritsch K., Shaffer M. S. P., Windle A. H., Friend R. H. Composites of carbon nanotubes and conjugated polymers for photovoltaic devices [J]. Advanced Materials, 1999, 11: 1281-1285.

[7] Georgakilas V., Perman J. A., Tucek J., Zboril R. Broad Family of Carbon Nanoallotropes: Classification, Chemistry, and Applications of Fullerenes, Carbon Dots, Nanotubes, Graphene, Nanodiamonds, and Combined Superstructures [J]. Chemical Reviews, 2015, 115:

4744-4822.

[8] Kratschmer W., Lamb L. D., Fostiropoulos K., Huffman D. R. Solid C_{60}: A new form of carbon [J]. Nature, 1990, 347: 354-358.

[9] Diederich F., Whetten R.. L., Thilgen C., Ettl R. Fullerene isomerism: Isolation of C2v, $-C_{78}$and D3-C_{78}[J]. Science, 1991, 254: 1768-1770.

[10] Kikuchi K., Nakahara N., Wakabayashi T., Suzuki S., Shiromaru H., Miyake Y., Saito K., Ikemoto I., Kainosho M., Achiba Y. NMRcharacterization of isomers of C_{78}, C_{82} and C_{84} fullerenes [J]. Nature, 1992, 357: 142-145.

[11] Diederich F., Ettl R., Rubin Y., Whetten R. L., Beck R., Alvarez M., Anz S., Sensharma D., Wudl F., Khemani K. C., Koch A. The higher fullerenes: Isolation and characterization of C_{76}, C_{84}, C_{90}, C_{94}, and $C_{70}O$, an oxide of $D_{5h}-C_{70}$ [J]. Science, 1991, 252: 548-551.

[12] Hummelen J. C., Knight B., Pavlovich J., Gonzalez R., Wudl F. Isolation of the heterofullerene C59N as its dimer (C59N)2[J]. Science, 1995, 269: 1554-1556.

[13] Kashtanov S., Rubio-Pons O., Luo Y., Agren H., Stafstrom S., Csillag S. Characterization of aza-fullerene C58N2isomers by X-ray spectroscopy [J]. Chemical Physics Letters, 2003, 371: 98-104.

[14] Wang T., Wang C. Endohedral metallofullerenes based on spherical Ih-C80cage: Molecular structures and paramagnetic properties [J]. Accounts of Chemical Research, 2014, 47: 450-458.

[15] Saunders M., Jiménez-Vázquez H. A., Cross R. J., Poreda R. J. Stable compounds of helium and neon: He@ $C_{60}$and Ne@ C_{60}[J]. Science, 1993, 259: 1428-1430.

[16] Zhang R., Murata M., Wakamiya A., Muruta Y. Synthesis and X-ray structure of endohedral fullerene c₆₀ dimer encapsulating a water molecule in each c₆₀ cage [J]. Chemistry Letters, 2013, 42: 879-881.

[17] Laasonen K., Andreoni W., Parrinello M. Structural and electronic properties of La@ C_{82} [J]. Science, 1992, 258: 1916-1918.

[18] Feng L., Suzuki M., Mizorogi N., Lu X., Yamada M., Akasaka T., Nagase S. Mapping the metal positions inside spherical C80cages: Crystallographic and theoretical studies of Ce2@ D5h-C80and Ce2@ Ih-C80 [J]. Chemistry -A European Journal, 2013, 19: 988-993.

[19] Xu W., Feng L., Calvaresi M., Liu Y., Liu J., Niu B., Shi Z. J., Lian Y. F., Zerbetto F. Anexperimentally observed trimetallofullerene Sm3 @ Ih-C80: Encapsulation of

three metal atoms in a cage without a nonmetallic mediator [J]. Journal of the American Chemical Society, 2013, 135: 4187-4190.

[20] Sato K., Kako M., Suzuki M., Mizorogi N., Tsuchiya T., Olmstead M. M., Balch A. L., Akasaka T., Nagase S. Synthesis of silylene-bridged endohedral metallofullerene Lu3N@ Ih-C80[J]. Journal of the American Chemical Society, 2012, 134: 16033-16039.

[21] Wang C. -R., Kai T., Tomiyama T., Nishibori E., Takata M., Sakata M., Shinohara H. A scandium carbide endohedral metallofullerene: (Sc2C2) @ C84 [J]. Angewandte Chemie International Edition, 2001, 40: 397-399.

[22] Yamada M., Kurihara H., Suzuki M., Guo J. D., Waelchli M., Olmstead M. M., Balch A. L., Nagase S., Maede Y., Hasegawa T., Lu X., Akasaka T. Sc2@ C66 revisited: An endohedral fullerene with scandium ions nestled within two unsaturated linear triquinanes [J]. Journal of the American Chemical Society, 2014, 136: 7611-7614.

[23] Zhang M., Hao Y., Li X., Feng L., Yang T., Wan T. B., Chen N., Slanina Z., Uhlik F., Cong H. Facile synthesis of an extensive family of Sc2O@ C2n (n = 35-47) and chemical insight into the smallest member of Sc2O@ C2(7892)-C70[J]. The Journal of Physical Chemistry C, 2014, 118: 28883-28889.

[24] Tan Y. -Z., Chen R. -T., Liao Z. -J., Li J., Zhu F., Lu X., Xie S. Y., Huang R. B., Zheng L. S. Carbon arc production of heptagon-containing fullerene[68] [J]. Nat Commun, 2011, 2: 420.

[25] Yang S., Wang S., Kemnitz E., Troyanov S. I. Chlorination of IPRC100fullerene affords unconventional C96Cl20with a nonclassical cage containing three heptagons [J]. Angewandte Chemie International Edition, 2014, 53: 2460-2463.

[26] Mchedlov-Petrossyan N. O. Fullerenes in liquid media: An unsettling intrusion into the solution chemistry [J]. Chemical Reviews, 2013, 113: 5149-5193.

[27] Blank V., Popov M., Buga S., Davydov V., Denisov V. N., Ivley A. N., Marvin B. N., Agafonov V., Ceolin R., Szwara H., Rassat A. Is C60fullerite harder than diamond? [J]. Physics Letters A, 1994, 188: 281-286.

[28] Popov M., Mordkovich V., Perfilov S., Kirichenko A., Kulnitskiy B., Perezhogin I., Blank V. Synthesis of ultrahard fullerite with a catalytic 3Dpolymerization reaction of C60 [J]. Carbon, 2014, 76: 250-256.

[29] Negri F., Orlandi G., Zerbetto F. Interpretation of the vibrational structureof the emission and absorption spectra of C60 [J]. The Journal of Chemical Physics, 1992, 97: 6496-6503.

[30] Orlandi G., Negri F. Electronic states and transitions in C60 and C70 fullerenes [J]. Photochemical & Photobiological Sciences, 2002, 1: 289-308.

[31] Ma B., Sun Y. -P. Fluorescence spectra and quantum yields of [60] fullerene and [70] fullerene under different solvent conditions. A quantitative examination using a near-infrared-sensitive emission spectrometer [J]. Journal of the Chemical Society, Perkin Transactions 2, 1996, 10: 2157-2162.

[32] Fraelich M. R., Weisman R. B. Triplet states of fullerene C60 and C70 in solution: Long intrinsic lifetimes and energy pooling [J]. The Journal of Physical Chemistry, 1993, 97 (43): 11145-11147.

[33] Haufler R. E., Conceicao J., Chibante L. P. F., Chai Y., Byrne N. E., Flanagan S., Haley M. M., Obrien S. C., Pan C. Efficient production of C60 (buckminsterfullerene), C60H36, and the solvated buckide ion [J]. The Journal of Physical Chemistry, 1990, 94: 8634-8636.

[34] Selig H., Lifshitz C., Peres T., Fischer J. E., Mcghie A. R., Romanow W. J., Mccauley J. P., Smith A. B. Fluorinated fullerenes [J]. Journal of the American Chemical Society, 1991, 113: 5475-5476.

[35] Hawkins J. M., Meyer A., Lewis T. A., Loren S., Holland F. J. Crystal structure of osmylated C60: Confirmation of the soccer ball framework [J]. Science, 1991, 252: 312-313.

[36] Tzirakis M. D., Orfanopoulos M. Radical reactions of fullerenes: From synthetic organic chemistry to materials science and biology [J]. Chemical Reviews, 2013, 113: 5262-5321.

[37] Bingel C. Cyclopropanierung von fullerenen [J]. Chemische Berichte, 1993, 126: 1957-1959.

[38] Langa F., Cruz P., EspíLdora E., Garcia J. J., Perez M. C., Hoz A. Fullerene chemistry under microwave irradiation [J]. Carbon, 2000, 38: 1641-1646.

[39] Maggini M., Scorrano G., Prato M. Addition of azomethine ylides to C60: Synthesis, characterization and functionalization of fullerene pyrrolidines [J]. Journal of the American Chemical Society, 1993, 115: 9798-9799.

[40] Hoke S. H., Molstad J., Dilettato D., Jay M. J., Carlson D., Kahr B., Cooks R. G. Reaction of fullerenes and benzyne [J]. The Journal of Organic Chemistry, 1992, 57: 5069-5071.

[41] Hirsch A. The chemistry of the fullerenes: An overview [J]. Angewandte Chemie International Edition in English, 1993, 32: 1138-1141.

[42] Hale P. D. Discrete-variational-x. Alpha. Electronic structure studies of the spherical C60 cluster:

Prediction of ionization potential and electronic transition energy [J]. Journal of the American Chemical Society, 1986, 108: 6087-6088.

[43] EchegoyenL., Echegoyen L. E. Electrochemistry of fullerenes and their derivatives [J]. Accounts of Chemical Research, 1998, 31: 593-601.

[44] Xie Q., Perez-Cordero E., Echegoyen L. Electrochemical detection of C606-and C706-: Enhanced stability of fulleridesin solution [J]. Journal of the American Chemical Society, 1992, 114: 3978-3980.

[45] Charlier A., Mcrae E., Heyd R., Charlier M. F., Moretti D. Classification for double-walled carbon nanotubes [J]. Carbon, 1999, 37: 1779-1783.

[46] Dai H. Carbon nanotubes: synthesis, integration, and properties[J]. Accounts of chemical research, 2002, 35: 1035-1044.

[47] Lu J. P., Han J. Carbon nanotubes and nanotube-based nanodevices [J]. International Journal of High Speed Electronics and Systems, 1998, 9: 101-123.

[48] Garg A., Han J., Sinnott S. B. Interactions of carbon-nanotube proximal probe tips with diamond and graphene [J]. Physical Review Letters, 1998, 81: 2260-2263.

[49] Treacy M. M. J., Ebbesen T. W., Gibson J. M. Exceptionally high Youngs modulus observed for individual carbon nanotubes [J]. Nautre, 1996, 381: 678-680.

[50] Wong E. W., Sheehan P. E., Lieber C. M. Nanobeam: elasiticity, strength, and toughness of nanorods and naotubes [J]. Science, 1997, 227: 1971-1974.

[51] Berber S., Kwon Y. K., Tomanek D. Unusually high thermal conductivity of carbon nanotubes [J]. Physical Review Letters, 2000, 84: 4613-4616.

[52] Pop E., Mann D., Wang Q., Goodson K., Dai H. J. Thermal conductance of an individual single-wall carbon nanotube above room temperature [J]. Nano Letters, 2006, 6: 96-100.

[53] OConnell M. J., Bachilo S. M., Huffman C. B. Band gap fluorescence from individual single-wall carbon nanotubes [J]. Science, 2002, 297: 593-596.

[54] Saito R., Fujita M., Dresselhaus G., Dresselhaus M. S. Electronic structure and growth mechanism of carbon tubeles [J]. Materials Science and Engineering: B, 1993, 19: 185-191.

[55] Ebbesen T. W., Ajayan P. M. Large-scale synthesis of carbon nanotubes [J]. Nature, 1992, 358: 220-222.

[56] Smith B. W., Monthioux M., Luzzi D. E. Encapsulated C60 in carbon naotubes [J]. Nature, 1998, 396: 323-324.

[57] Thess A., Lee R., Nikolaev P., Dai H., Prtit P., Robert J., Xu C. H. Crystalline ropes of metallic carbon nanotubes [J]. Science, 1996, 273: 483-487.

[58] Porro S., Musso S., Vinante M., Vanzetti L., Anderle M., Trotta F., Tagliaferro A. Purification of carbon nanotubes grown by thermal CVD [J]. Physica E: Low-Dimensional Systems and Nanostructures, 2007, 37: 58-61.

[59] Yacaman M. J., Yoshida M. M., Vazquez L. R., Rendon L. Catalytic growth of carbon microtubules with fullerene structure [J]. Applied Physics Letters, 1993, 62: 202-204.

[60] Deng D. H., Pan X. L., Yu L., Jiang Y. P., Qi J., Li W. X., Fu Q., Ma X., Xue Q. K., Sun G. Q., Bao X. H. Toward N-doped graphene via solvothermal synthesis[J]. Chemistry of Materials, 2011, 23: 1188-1193.

[61] Lv R., Li Q., Botello-Mendez A. R., Hayashi T., Wang B., Berkdemir A., Hao Q., Elias A. L., Cruz-Silva R., Gutreiize H. R., Kim Y. A., Muramatsu H., Zhu J., Endo M., Terrones H., Charlier J. C., Pan M., Terrones M. Nitrogen-doped graphene: beyond single substitution and enhanced molecular sensing[J]. Scientific Reports, 2012, 2: 586-591.

[62] Ferrari A. C. Raman spectroscopy of graphene and graphite: disorder, electron-phonon coupling, doping and nonadiabatic effects [J]. Solid State Communications, 2007, 143: 47-57.

[63] Gopalakrishnan K., JoshiH. M., Kumar P., Panchakarla L. S., Rao C. N. R. Selectivity in the photocatalytic properties of the composites of TiO_2 nanoparticles with B-and N-doped graphenes[J]. Chemical Physics Letters, 2011, 511: 304-308.

[64] Biel B., Triozon F., Blasé X., Roche S. Chemically induced mobility gaps in graphene nanoribbons: a route for upscaling device performances [J]. Nano Letters, 2009, 9: 2725-2729.

[65] Morozov S. V., Novoselov K. S., Katsnelson M. I., Schedin F., Elias D. C., Jaszczak J. A., Geim A. K. Giant intrinsic carrier mobilities in graphene and its bilayer[J]. Physical Review Letters, 2008, 100: 016602.

[66] Norimatsu W., Hirata K., Yamamoto Y., Arai S., Kusunoki M. Epitaxial growth of boron-doped graphene by thermal decomposition of B4C[J]. Journal of Physics: Condensed Matter, 2012, 24: 314207.

[67] Gass M. H., Bangert U., Bleloch A. L., Wang P., NairR. R., Geim A. K. Free-standing graphene at atomic resolution[J]. Nature Nanotechnology, 2008, 3: 676-681.

[68] Eberlein T., Bangert U., NairR. R., Jones R., Gass M., Bleloch A. L., Novoselov

K. S. , Geim A. , Briddon P. R. Plasmon spectroscopy of free - standing graphene films [J]. Physical Review B, 2008, 77: 233406.

[69] Zheng Y. , Jiao Y. , Ge L. , Jaroniec M. , Qiao S. Z. Two-step boron and nitrogen doping in graphene for enhanced synergistic catalysis [J] . Angewandte Chemie, 2013, 125: 3192-3198.

[70] Sheng Z. H. , Shao L. , Chen J. J. , Bao W. J. , Wang F. B. , Xia X. H. Catalyst-free synthesis of nitrogen-doped graphene via thermal annealing graphite oxide with melamine and its excellent electrocatalysis[J]. ACS Nano, 2011, 5: 4350-4358.

[71] Jung S. M. , Lee E. K. , Choi M. , Shin D. , Jeon I. Y. , Seo J. M. , Jeong H. Y. , Park N. , Oh J. H. , Baek J. Direct solvothermal synthesis of B/N-doped graphene[J]. Angewandte Chemie International Edition, 2014, 53: 2398-2401.

[72] Zhang Y. B. , Small J. P. , Amori M. E. S. , Kim P. Electric field modulation of galvanomagnetic properties of mesoscopic graphite [J]. Physical Reviews Letters, 2005, 94: 176803.

[73] Pan Y. , Zhang H. G. , Shi D. X. , Sun J. T. , Du S. X. , Liu F. , Gao H. J. Highly ordered, millimeter-scale, continuous, single-crystalline graphene monolayer formed on Ru [J]. Advanced Materials, 2009, 21: 2777-2780.

[74] Liu Y. Q. , Wei D. C. , Wang Y. , Zhang H. L. , Huang L. P. , Yu G. Synthesis of N-doped graphene by chemical vapor deposition and its electrical properties [J]. Nano Letters, 2009, 9: 1752-1758.

[75] Hummers W. S. , Offeman R. E. Preparation of graphitic oxide [J] . Journal of American Chemistry Society, 1958, 80: 1339-1339.

第2章　三维碳纳米材料的制备

2.1　三维结构碳纳米管的制备

碳纳米管的三维结构通常拥有大比表面积、稳定的结构和良好的机械性能。碳纳米管的三维结构组装方法主要有溶胶凝胶法、模板导向法和化学气相沉积法等。根据制备方法的不同，三维结构碳纳米管结构表现出不同的形态和性质。

2.1.1　溶胶凝胶法

碳纳米管凝胶，包括水凝胶和有机凝胶，是碳纳米管气凝胶最常见的前驱体材料。碳纳米管凝胶通过冷冻干燥/超临界干燥的方法去除孔隙内包裹的溶剂，保持凝胶内部的三维多孔结构不坍塌从而形成碳纳米管气凝胶[1-5]。因此，对于碳纳米管凝胶的形成和在干燥过程中三维结构的稳定性有两个关键的影响因素：碳纳米管分散液的均匀性和碳纳米管间强的作用力。

碳纳米管气凝胶可以通过热解相对容易制备的明胶-单壁碳纳米管复合凝胶来获得[1]。另外，在碳纳米管分散液中引入发泡和干燥工艺中也可以制备碳纳米管三维结构，这种碳纳米管三维结构的比表面积较低($35m^2/g$)[2]。此外，利用类似将石墨氧化成氧化石墨烯的方法，将碳纳米管功能化后可自发形成凝胶。Brying等报道了碳纳米管水凝胶经过冷冻干燥/超临界干燥后得到碳纳米管气凝胶。碳纳米管气凝胶具有低密度($10\sim30mg/cm^3$)和良好的导电性(1S/cm)，其结构可以通过加入少量聚乙烯醇进一步增强(图2.1)[4]。但是由于聚乙烯醇的加入，碳纳米管气凝胶的电导率下降至10^{-5}S/cm。另外，他们发现相比于超临界干燥，冷冻干燥对碳纳米管气凝胶的结构破坏更严重，从而导致低电导率。另一篇文章报道了使用类似的策略采取聚乙烯醇作为碳纳米管气凝胶的结构增强剂，由碳纳米管质量分数为25%～100%的分散液获得多壁碳纳米管气凝胶[5]。

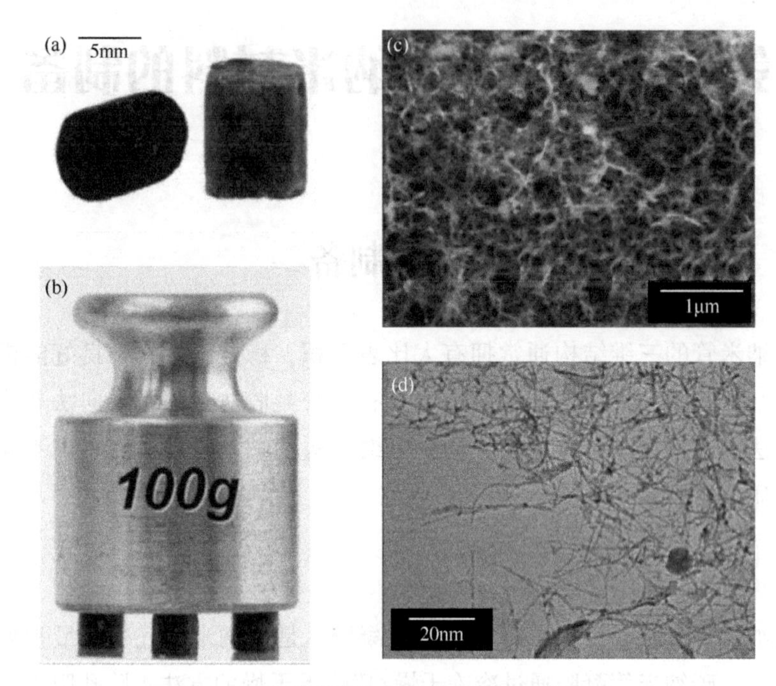

图 2.1　溶胶凝胶法制备的碳纳米管气凝胶

(a)碳纳米管气凝胶(左)，碳纳米管气凝胶/聚乙烯醇复合材料(右)；(b)三个碳纳米管气凝胶/聚乙烯醇复合材料支撑100g质量；(c)碳纳米管气凝胶/聚乙烯醇复合材料的扫描电镜图；(d)碳纳米管气凝胶的透射电镜图[4]

可以看出，聚合物交联剂可以将碳纳米管粘结在一起，但是黏合剂的存在也限制了碳纳米管气凝胶的电学和热学性质。为了防止对实际应用非常重要的这些性质的降解，有机溶胶-凝胶法是该问题的有效解决方案。该方法首先由 Pekala 报道[6]，其中有机前驱体的聚合产生高度交联的有机凝胶，其可以进一步干燥和热解以产生多孔碳结构。Worsley 等[7]改进了此方法，使其用于制备碳纳米管三维结构。在制备过程中，将碳纳米管分散在间苯二酚和甲醛的去离子水中，碳酸钠作为催化剂。加热反应后，所得凝胶用超临界 CO_2 干燥并在 1050℃ 热解。正是热解将有机黏合剂转化为碳材料，因此使得电学性能和热学性能够基本保持不变。实际上，碳纳米管质量分数对所形成的气凝胶的性质起到关键作用。在碳纳米管的质量分数为 55%时，碳纳米管网络结构的原始尺寸和形状可以在超临界干燥和热解后得以保留，这表明了碳纳米管的抗收缩效应。由于这种碳纳米管气凝胶的机械强度比较高，可以支撑在其三维结构上覆盖氧化物，从而将碳纳米管气凝胶的应用领域扩展到电池电极材料、应变传感器设备、催化剂等[8]。

2.1.2 模板导向法

冰模板法是一种简单的制备三维碳纳米管结构的方法。冰模板法能够通过调节实验参数实现可控的合成，并且可以在实验后期通过冷冻干燥的方法去除模板。Kwon 等[9]报道了冰模板法制备三维多壁碳纳米管有序和无序结构。首先将多壁碳纳米管分散到丝蛋白溶液中，通过定向冷冻和普通冷冻分别可得到有序和无序的三维碳纳米管结构。对于有序的三维碳纳米管结构，丝蛋白作为三维结构的黏合剂，如图 2.2 所示。对于无序的三维碳纳米管结构，丝蛋白最终成为三维结构的组成成分。因此，有序的结构呈现出更高的热稳定性和电导率。Thongprachan 等利用冷冻干燥多壁碳纳米管分散液的方法制备了三维碳纳米管结构[10]。

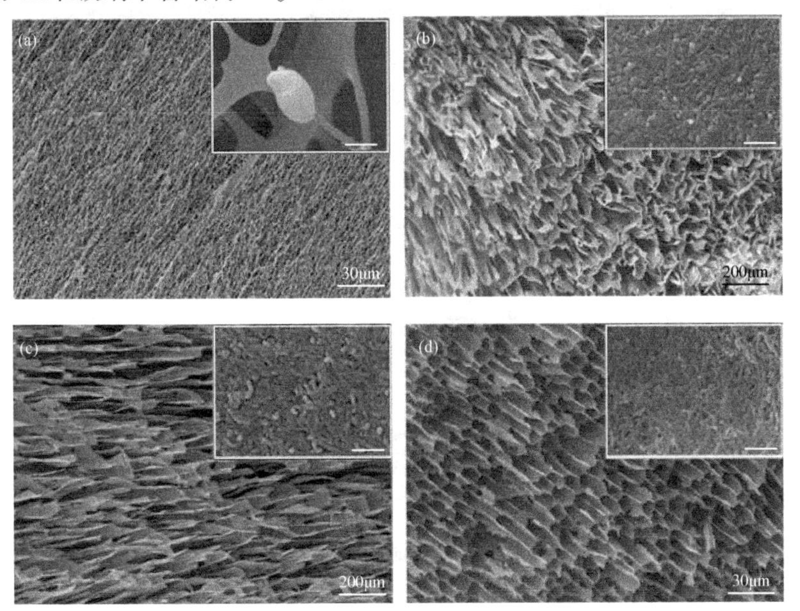

图 2.2 冰模板法制备的三维碳纳米管有序结构。多壁碳纳米管质量分数为(a)0%；(b)3%；(c)6%和(d)9%的三维碳纳米管有序结构的扫描电镜图

注：插图中的标尺(a)6μm，(b)~(d)1μm[9]

海绵是我们日常使用最广泛的清洁工具，它具有多级大孔结构。它的亲水性、大比表面积、三维大孔结构使得它可以作为模板制备三维碳纳米管结构[11-17]。通过使用具有高吸水能力和孔径在100~500μm范围内的商业纤维素海绵，通过将海绵浸入碳纳米管分散液中，使用简单的“浸渍-干燥”方法将碳纳米管涂覆到海绵的三维骨架上(图2.3)。尽管碳纳米管的负载量比较低($0.24mg/cm^2$)，它可以大幅度地提高海绵的电导率(面电阻为1Ω/sq)。这种开孔结构在能源领域有利于电解质渗入孔隙内部[11]。在另一项工作中，低成本和可回收的厨房海绵通过相同的方法制备了在有机电解液中使用的超级电容器的电极材料[18]。与水系电解液相比，在有机电解液中超级电容器的能量密度提高了几倍。聚氨酯海绵在涂覆厚度为200nm的碳纳米管涂层后，展现出高电导率(1S/cm)。与此同时，因为原始的未涂覆的海绵的机械性能被很好地保存，涂覆的海绵是可拉伸的和可压缩的。

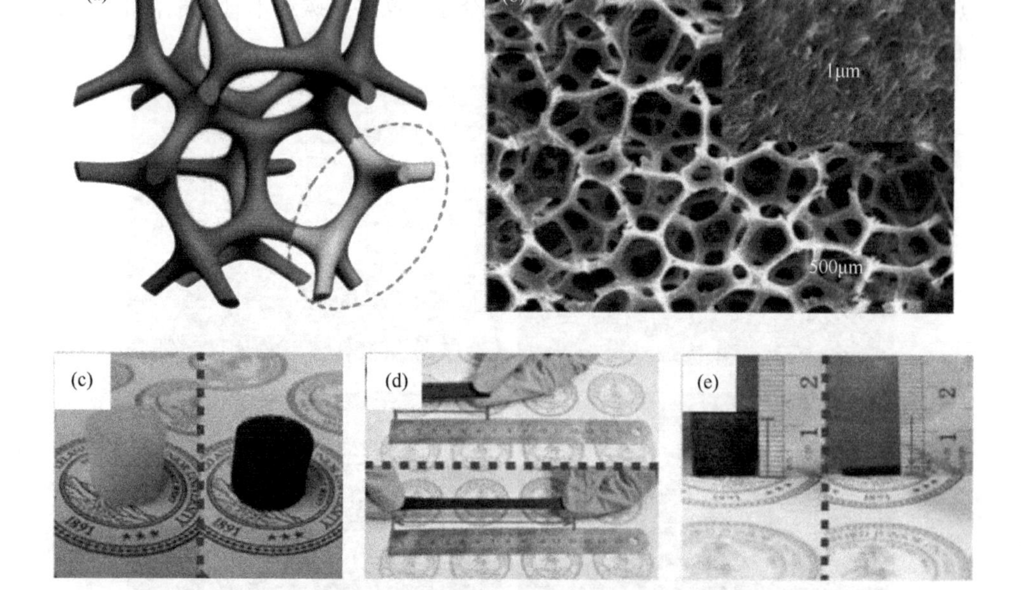

图2.3　海绵为模板制备的碳纳米管-海绵

(a)碳纳米管海绵的示意图；(b)碳纳米管海绵的扫描电镜图；(c)普通的海绵(左)，碳纳米管海绵(右)；(d)碳纳米管-海绵的拉伸性；(e)碳纳米管海绵的压缩性[11]

2.1.3 化学气相沉积法

定向碳纳米管阵列也是一种三维碳纳米管结构，主要是通过化学气相法(Chemical Vapor Deposition，CVD)直接合成。Hata 等采用水辅助化学气相沉积法合成了高度达到 2.5mm 的单壁碳纳米管阵列，这主要是由于水蒸气的引入大幅度地提高了催化剂的活性和寿命。该阵列中碳纳米管的纯度达到 99.98%(图 2.4)[19]。CVD 是可以同时实现碳纳米管阵列和碳纳米管海绵生长的一种方法。在碳纳米管阵列中，碳纳米管都沿着它们的生长方向垂直排列，因此，阵列的高度受单根碳纳米管长度的限制。然而，定向生长的碳纳米管阵列的一些性质，特别是机械性能甚至比碳纳米管海绵更高。因为各向异性结构，碳纳米管阵列在其轴向方向通常表现出更优异的性能[20-27]。

与定向碳纳米管阵列结构不同，Xu 等[28]用 CVD 方法制备了一种随意取向的碳纳米管橡胶，高度可达 4.5mm(图 2.5)。这种由长碳纳米管相互缠绕形成的碳纳米管橡胶，在 -196 ~ 1000℃ 温度区间内黏弹性保持不变。Cao 和 Wu 等使用短和直的碳纳米管作为结构单元来制备随意取向的碳纳米管海绵，其中多壁碳纳米管的管径为 30 ~ 50nm 且长度为几十至几百微米。所制备的碳纳米管海绵具有 300 ~ 400m^2/g 的比表面积和约 80nm 的平均孔径[22]。有趣的是，虽然湿凝胶衍生的碳纳米管气凝胶总是脆性的并且需要通过聚合物黏合剂的增强，但是直接生长的原始碳纳米管海绵更加坚固和柔韧，在三维各向同性构型中显示出碳纳米管之间的极强的作用力。之后，作者通过调节碳纳米管生长源的注射速率，制备了一系列从软到硬的不同密度碳纳米管海绵[26]。软的碳纳米管海绵(密度为 5.8mg/cm^3)压缩率可达到 90%，并且压缩变形可以完全恢复。硬的纳米管海绵(密度为 25.5mg/cm^3)在压缩后只可以恢复 93%的初始体积。这些结果说明了结构调控的重要意义。此外，CVD 生长的碳纳米管海绵可以用掺杂剂或颗粒修饰，以适应不用的应用领域。在碳纳米管海绵的 CVD 合成期间，硼掺杂导致在碳纳米管之间形成原子尺度“弯头”结点和碳纳米管通过共价键链接，从而使材料坚固且有弹性。

图 2.4　水助化学气相沉积法生长的单壁碳纳米管阵列

(a)硅片上生长的高度为 2.5mm 的单壁碳纳米管阵列；(b)单壁碳纳米管阵列的扫描电镜图；(c)单壁碳纳米管阵列边缘扫描电镜图，标尺为 1mm；(d)碳纳米管的低分辨透射电镜图，标尺为 100nm；(e)碳纳米管的高分辨透射电镜图，标尺为 5nm[19]

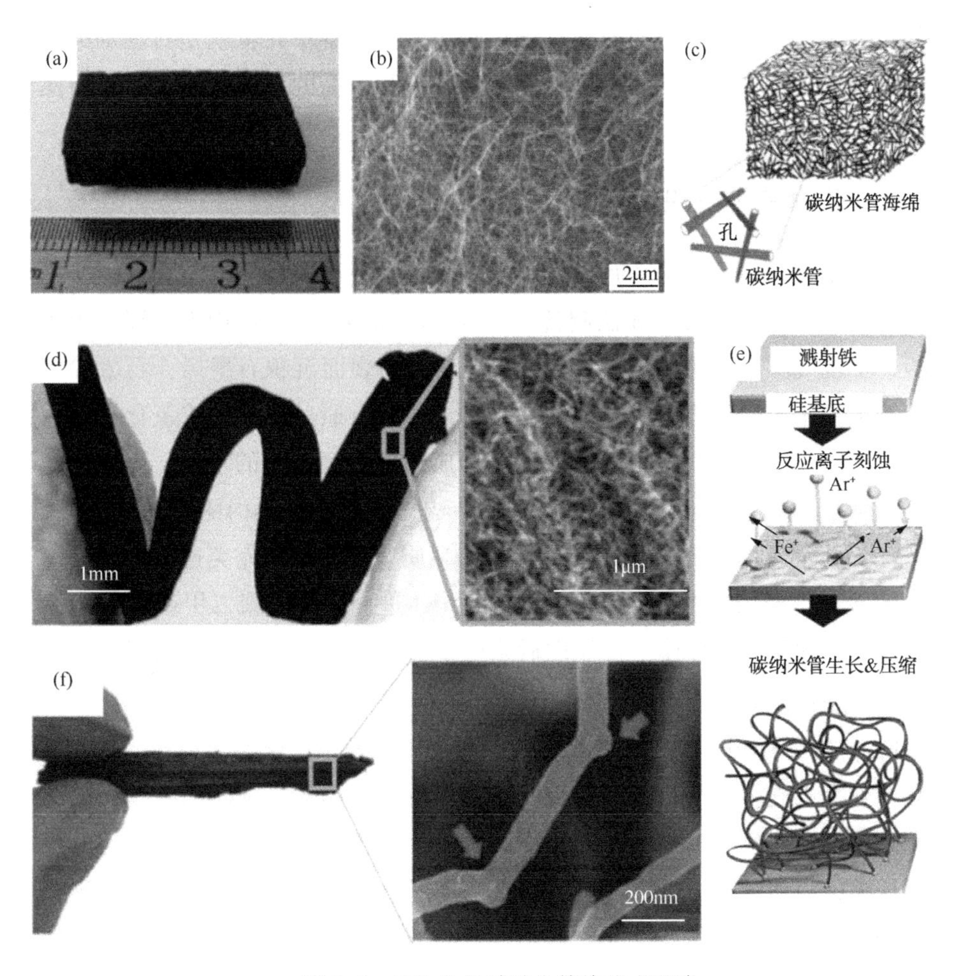

图 2.5　CVD 生长碳纳米管橡胶或海绵

(a)碳纳米管海绵的图片[94]；(b)碳纳米管海绵的扫描电镜图；(c)碳纳米管海绵的示意图；

(d)在-196~1000℃温度区间内，能量耗散保持不变的碳纳米管橡胶[93]；

(e)碳纳米管橡胶的合成路径示意图；(f)硼掺杂的多壁碳纳米管海绵[28]

2.2　三维结构石墨烯的制备

与二维石墨烯相比，三维石墨烯具有不易团聚、更高比表面积、更高电学性能与机械性能，因此三维石墨烯在储能领域等具有更大的应用潜力。且将三维石墨烯与其他材料复合，发挥两者协同作用，可具有更高研究价值与应用价值。为了实现真正的宏观三维结构组装，基本单元也就是石墨烯的厚度应该降低到单层或者几层。因此，超低密度和极高的比表面积使三维石墨烯结构有更广泛的应用。

2.2.1 化学气相沉积法

CVD法是制备高质量的三维石墨烯结构的一种有效手段。Cheng课题组[29]首次利用化学气相沉积法制备了三维石墨烯泡沫。他们用泡沫镍作为为模板，甲烷气体为碳源，1000℃下，在泡沫镍的表面沉积石墨烯，石墨烯完全复制了泡沫镍相互连接的三维网络结构。然而，通过热盐酸或氯化铁溶液蚀刻镍泡沫过程太剧烈并且可能导致所形成的石墨烯网络的塌陷。因此，作者用了聚甲基丙烯酸甲酯薄层以支撑碳结构，然后通过热丙酮小心地除去。由CVD生长的石墨烯泡沫由于石墨烯片的高质量和它们的完美连接而表现出优异的导电性(图2.6)。自支撑石墨烯泡沫体进一步通过聚二甲基硅氧烷渗透以制备弹性和柔性导体。在他们后来的工作中，石墨烯泡沫被用于NH_3和NO_2的可逆化学传感器的应用[30]。

Peng等利用CVD生长的多壁碳纳米管海绵，通过化学解链过程，将多壁碳纳米管变成成多层石墨烯纳米带，同时保持其原始的三维网络结构，最终转化为石墨烯纳米带气凝胶[31]。所获得的石墨烯纳米带气凝胶显示出完全不同的压缩行为和增加的比表面积，使得它们适合用作超级电容器电极和聚合物增强材料。

2.2.2 模板导向法

利用模板法制备三维石墨烯结构时，石墨烯可以复制模板的结构，但是受限于模板本身，难实现气凝胶的宏量制备。而基于氧化石墨烯的溶液组装法则可以极好地解决这一问题。

低温下氧化石墨烯分散液中的水凝固成冰，此时氧化石墨烯会贴合在冰晶表面连成网络，随后将冰升华去除，即可得到三维多孔石墨烯材料[32,33]。常用的操作手段即为冷冻干燥。事实上这也是制备石墨烯气凝胶最先使用的方法[34]。增加氧化石墨烯分散液的浓度，体系流动性降低，自发形成凝胶状，此时对其进行超临界干燥或者冷冻干燥均可得到氧化石墨烯气凝胶。在

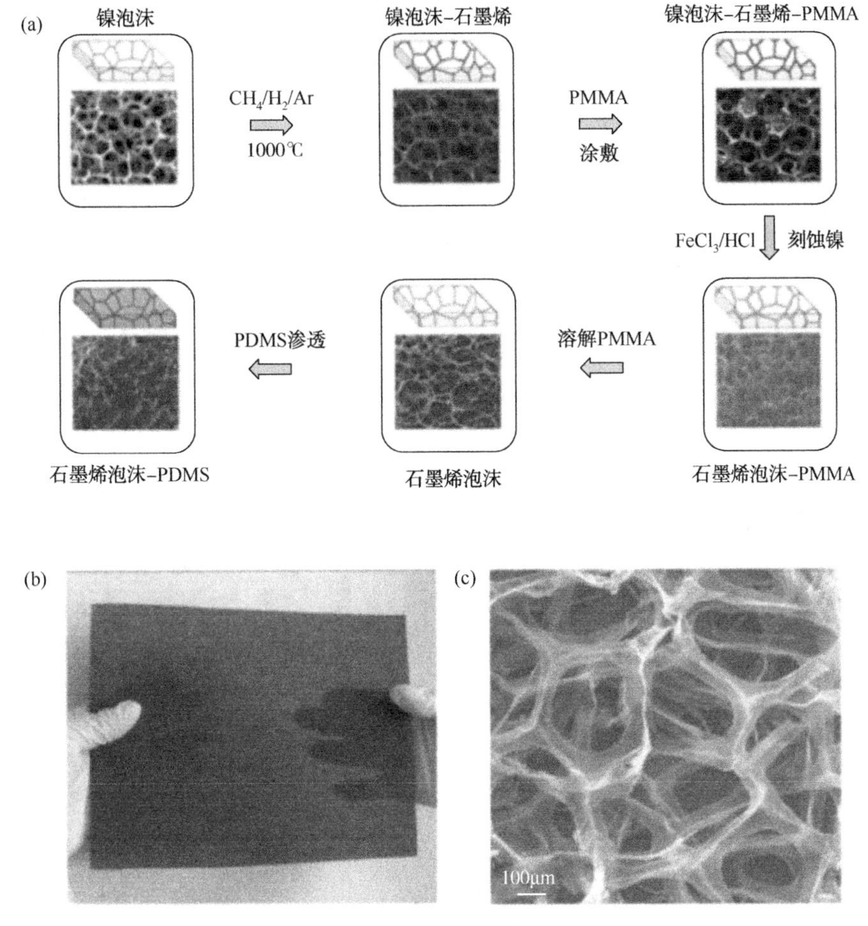

图 2.6　以泡沫镍为模板，CVD 法制备石墨烯气凝胶

(a)制备流程图；(b)石墨烯气凝胶图片；(c)石墨烯气凝胶扫描电镜图[29]

样品制备过程中，辅以温度梯度和氧化石墨烯(GO)还原程度的控制，可以有效地调节凝胶孔洞结构。Li 课题组首先将轻度还原的氧化石墨烯分散液冷冻成冰，部分还原的氧化石墨烯片沿着冰晶生成方向，在冰晶边界处聚集，形成连续蜂窝状网络结构[35]。随后将冰溶解，继续对已经形成的氧化石墨烯气凝胶还原并冷冻干燥，得到蜂窝状石墨烯气凝胶[图 2.7(a)(b)]。分步还原的方法，将各相同性的孔洞结构转化为定向排布，材料也由非弹性转化成弹性，可以压缩 80%并回弹。乳液也可以用作制备三维石墨烯气凝胶的软模板。Shi 等使用改进的水热法并利用己烷液滴作为软模板制备三维石墨烯大孔结构

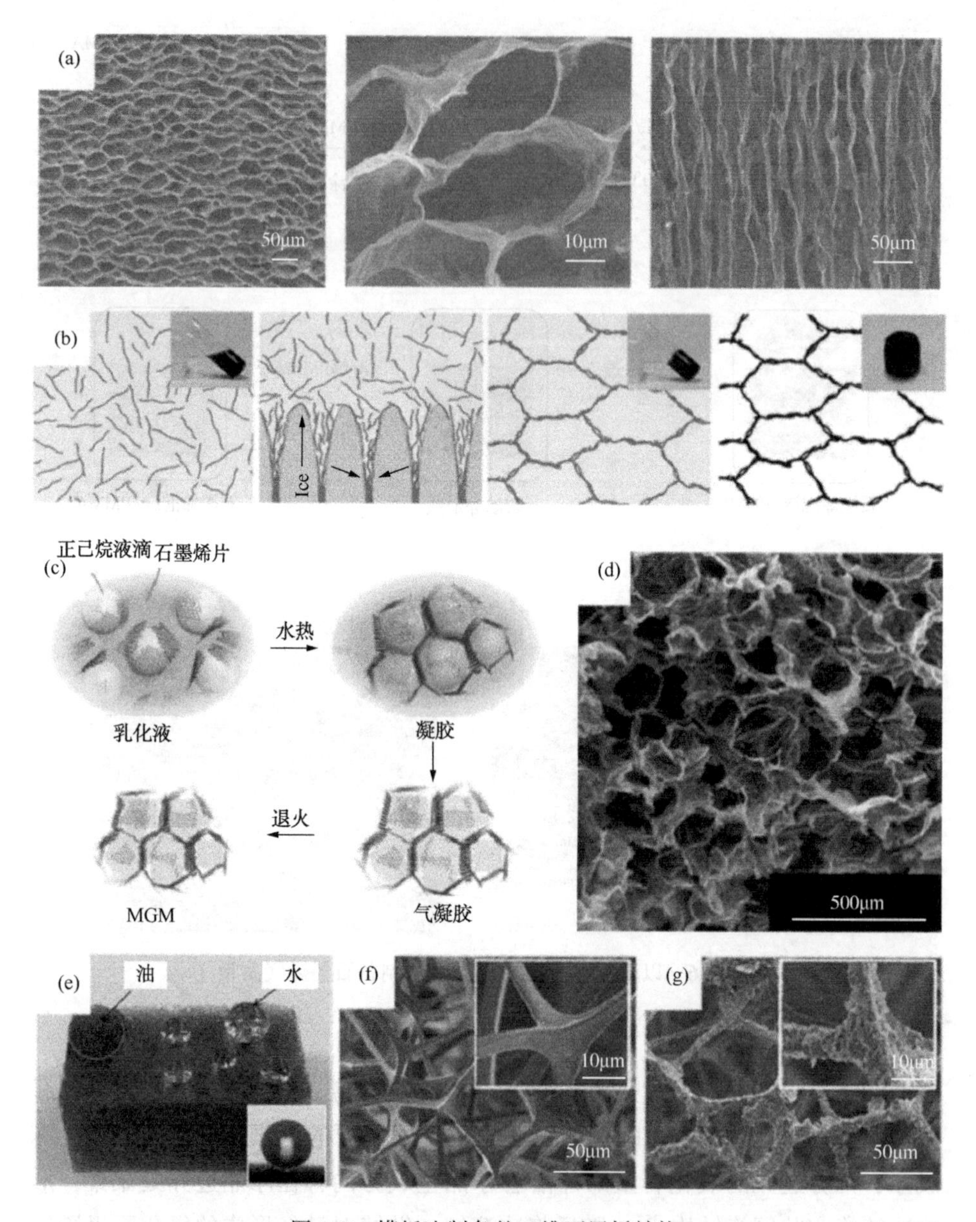

图 2.7 模板法制备的三维石墨烯结构

(a)蜂窝状石墨烯气凝胶的扫描电镜图；(b)蜂窝状石墨烯气凝胶的形成机理[35]；
(c)乳液为模板制备三维石墨烯结构的示意图；(d)三维石墨烯气凝胶的扫描电镜图[36]；
(e)疏水、亲油的石墨烯-海绵；(f)海绵的扫描电镜图；(g)石墨烯-海绵的扫描电镜图[37]

[图 2.7(c)(d)][36]。得到的石墨烯大孔结构同样有很好的弹性。尽管大部分石墨烯气凝胶比较脆，这些高弹性的石墨烯气凝胶得益于它们独特的结构。首先，它们都是有序的闭孔泡沫结构。其次，它们的孔径都比较大，通常在几百个微米左右，这种大孔结构提供了足够的压缩空间也导致了材料的低密度特性($10mg/cm^3$)。最后，孔壁由多层石墨烯平行堆叠构成，使得大孔结构足够结实承受大的压缩变形。

除了以上冰模板和液滴模板，大孔结构的海绵同样可以作为模板制备三维石墨烯结构。将从膨胀石墨剥离的石墨烯分散在乙醇中，三聚氰胺海绵通过"浸渍-烘干"的方法制备石墨烯-海绵[图 2.7(e)~(g)][37]。涂覆石墨烯后，超亲水的海绵变成疏水，亲油的石墨烯海绵。这种材料可以用作吸附油和有机溶剂。

2.2.3 还原诱导法

由于湿法总是从石墨烯分散液开始，通常将氧化石墨烯(Graphene Oxide, GO)作为起始材料。Shi 等通过一个简单的水热法对自组装石墨烯水凝胶进行了一些开创性的工作[38]。这种水热过程导致 GO 的还原，同时还原后的 GO 片发生部分重叠或团聚。因此，通过还原 GO 片的 π-π 堆叠诱导交联形成三维石墨烯结构。事实上，这些 π-π 堆叠导致片层之间强的作用力，使石墨烯凝胶具有高机械强度、热稳定性和导电性。三个直径为 0.8cm 的石墨烯凝胶可以支撑 100g 砝码(图 2.8)。GO 浓度和水热反应时间被认为是影响石墨烯水凝胶性质的两个关键因素。

Shi 等进一步研究了 GO 凝胶化高度依赖于溶液的 pH 值[39]和 GO 片的尺寸[40]。据报道，GO 表面上的负电荷主要来源于羧基，它可以提供静电斥力以防止片层的团聚。碱性环境($pH>7$)引起 GO 片上羧基的离子化，因此增加了静电斥力，而在酸性环境($pH<7$)中，静电斥力被削弱，氢键由于羧基的质子化而增强，导致一个紧凑的 GO 框架。事实上，在 GO 水凝胶中应该建立排斥力和结合力之间的平衡以保持其结构的稳定性。也就是说，任何一侧的过度变化都会导致框架崩溃，例如过酸化和减小 GO 的尺寸。较小的 GO 片($<1\mu m$)在溶液中具有较高的迁移率，并且比较大的片更容易聚集，使得它们倾向于形成沉淀而不是凝胶化，因为酸化增加了它们的相互作用。但是，如

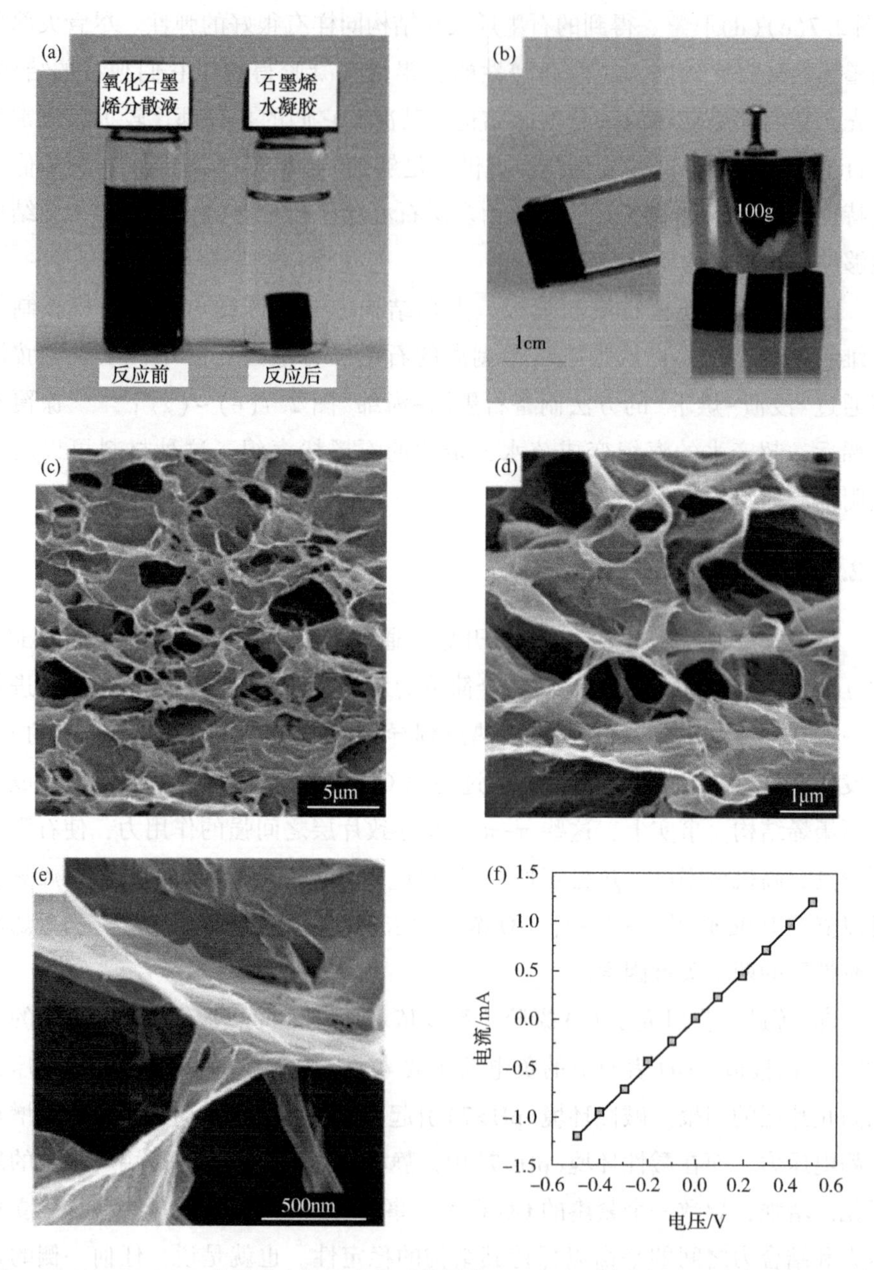

图 2.8(a)2mg/mL GO 分散液水热反应前后的图片；(b)石墨烯水凝胶具有高的机械强度；(c)~(e)石墨烯水凝胶扫描电镜图；(f)石墨烯水凝胶室温电流-电压曲线[38]

果可以控制平衡，由小尺寸的氧化石墨烯形成水凝胶也是有可能的。Compton等报道了超声处理诱导小尺寸的GO(80~250nm)的凝胶化，这取决于超声波处理的程度[41]。超声处理可以将GO纳米片破碎成更小的片，并且刚暴露的片层边缘不具有有助于稳定片材的羧基官能团，因此GO水溶液可以容易地转化为水凝胶。

除了这些无添加剂的三维石墨烯结构之外，原位还原GO片层是另一种常用的从其分散液实现还原氧化石墨烯组装的策略。GO的还原将消除GO片层上的官能团，并显著降低它们之间的静电排斥，从而引发还原氧化石墨烯片的凝胶化。水热法也可以被认为是一种还原诱导的装配方法，只是水热法中的还原剂是热和压力。

典型的还原诱导装配过程开始于将某些还原剂加入GO分散液中，然后在不搅拌的加热期间发生GO的还原，并且在通过疏水性和π-π相互作用重叠还原的GO片层时引发自组装。实际上，不搅拌是形成三维结构组装的关键因素。否则，由于石墨烯片之间的强的层间相互作用，将产生聚集和沉淀而不是松散堆叠的三维网络。Chen等研究了一系列还原剂，如亚硫酸氢钠、硫化钠、维生素C和水合肼还原GO形成石墨烯水凝胶和气凝胶的实验过程。它们都表现出高机械强度、低密度、热稳定性、高电导率和高比电容，而由水合肼还原形成的石墨烯气凝胶显示出最高的电导率(110S/m)[42]。

2.3 三维多孔碳材料的制备

多孔碳材料由于具有表面化学惰性、高机械稳定性、良好的导电性以及大的比表面积和孔体积等特点，在气体吸附、催化、储氢以及电化学双电层电容器和燃料电池等领域显示出巨大的应用潜力。

2.3.1 硬模板法

硬模板法合成多孔碳材料的概念在1982年就被提出[43]，但这个方法被大多数人所接受是在二氧化硅被发现可以很容易地作为模板之后。Ryoo等[44]证明二氧化硅的介孔能够被碳的前驱体(比如蔗糖)填充，从而从二氧化硅模板中生成一个碳的复制品。将硅模板浸蚀之后就可以得到介孔碳材料[45]，这种材料的结构是由二氧化硅模板的形貌所决定的。一般来说，制备有序介孔碳材料的过程可以分为以下几个步骤：①将碳的前驱体(单体或聚合物)注入特定结构的多孔模板中；②让前驱体在孔洞中聚合和碳化，得到模板-碳的复合物；③将模板浸蚀，留下一个多孔碳的复制品。用硬模板法制备多孔碳材料，其孔结构主要是由模板母体决定的，选用不同的模板就可以制得相应孔结构的碳材料[46]。虽然硬模板法可以成功地制备出具有极其规整的孔道结构的多孔碳材料，但是整个制备过程可以分为硬模板的选择或制备、碳前驱体填充、高温碳化、硬模板的去除等步骤，非常复杂繁琐，这就导致了合成周期漫长，操作的每一步都是整个制备过程的关键。

2.3.2 软模板法

软模板法是指碳前驱体材料与表面活性剂发生反应，经过聚合、自组装和碳化来制备多孔碳材料。由软模板法所得的孔隙结构受合成条件和表面活性剂的影响。软模板法合成多孔碳材料是利用各种作用力，例如氢键、与配位离子之间的作用力以及亲水/疏水作用来制备各种多孔材料。此外，在软模板法合成多孔碳材料的实验过程中，碳前驱体与模板发生的化学反应是非常重要的。软模板法成功的合成多孔碳材料有四个因素：①前驱体能够通过自组装形成纳米结构；②用于造孔的组分能经受住碳化过程的高温；③至少有一种材料用于成碳组分和另外一种材料用于造孔；④成碳组分要求可以形成高度交联的聚合物材料，而且它在去除成孔组分时能够保持其微观结构不破坏[47-49]。

以外形整齐并且有序排列的乳液颗粒为软模板，在微粒的表面上再组装，定型后脱模，最终可以获得规则的介孔材料。乳液粒径范围是8~90nm，可以根据不同粒径的乳液来合成孔径不同的多孔材料[50]。但是这类材料在高温碳化过程中易发生坍塌，导致孔径尺寸和形状发生改变。

2.3.3 活化法

活化法是目前制备多孔碳材料最常用的方法，包括化学活化法和物理活化法。活化法是指碳原子与起活化作用的活化剂发生反应，从而使碳材料产生大量的孔隙，并伴随着比表面积和孔体积的急剧增加。

化学活化法是将原料与活化剂均匀混合，再将混合物在惰性气氛中加热到一定温度，从而使原料在碳化过程中同时进行活化处理。采用的活化剂主要有酸（H_3PO_4、HNO_3）[51,52]、碱（KOH、NaOH）[53,54]、碱金属的碳酸盐（Na_2CO_3、K_2CO_3）[55,56]和碱土金属的氯化物(如 $ZnCl_2$)[57,58]等。磷酸是酸类活化剂中最常用的活化剂，它的优点是活化能力强、效率高。在碱性活化剂中，KOH 的使用最为广泛(图 2.9)。

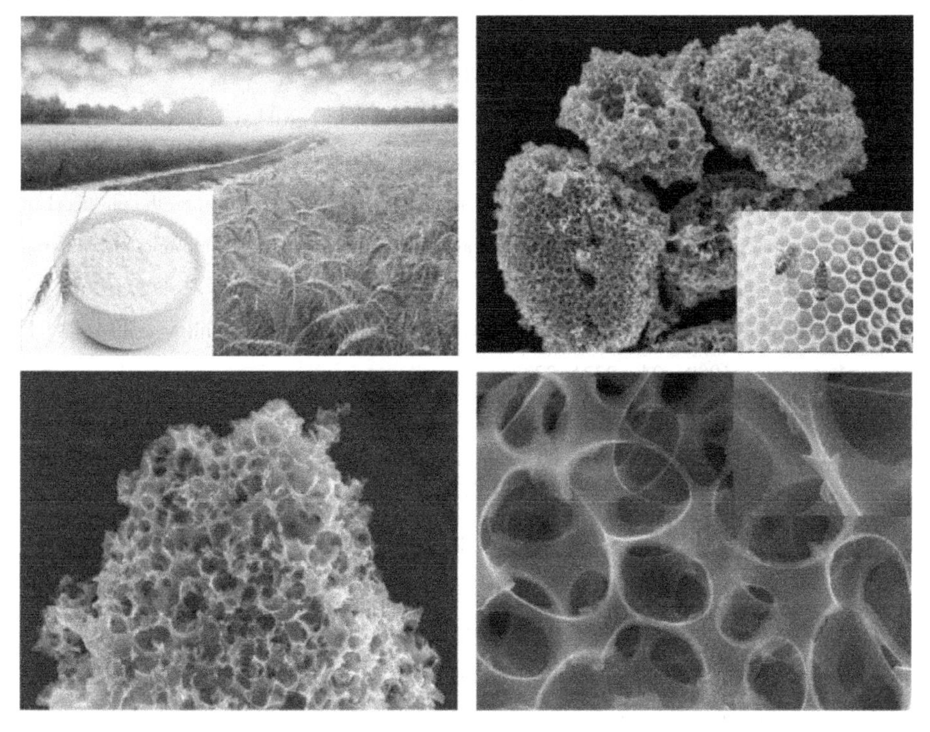

图 2.9 KOH 活化面粉制备多孔碳[54]

物理活化的活化剂通常采用氧化性气体，如二氧化碳、水蒸气、水蒸气/二氧化碳、空气/氧气等[59]。在高温下活化剂可以使碳原子部分气化，使碳材料内部形成新的孔隙或使原来的孔隙扩大，从而大大增加碳材料的比表面积和孔体积。在实际应用中为了防止局部过热导致活化不均匀和过大的碳消耗率，物理活化通常采用混合活化剂进活化，如将二氧化碳与水蒸气或氧气交替进行活化或者混合后进行活化。

参 考 文 献

[1] Nabeta M., Sano M. Nanotube foam prepared by gelatin gel as a template [J]. Langmuir, 2005, 21: 1706-1708.

[2] Leroy C. M., Carn F., Backov R., Trinquecoste M., Delhaes P. Multiwalled-carbon-nanotube-based carbon foams [J]. Carbon, 2007, 45: 2317-2320.

[3] Kovtyukhova N. I., Mallouk T. E., Pan L., Dickey E. C. Individual single-walled nanotubes and hydrogels made by oxidative exfoliation of carbon nanotube ropes [J]. Journal of the American Chemical Society, 2003, 125: 9761-9769.

[4] Bryning M. B., Milkie D. E., Islam M. F., Hough L., Kikkawa J., Yodh A. Carbon nanotube aerogels [J]. Advanced Materialas, 2010, 19: 661-664.

[5] Skaltsas T., Avgouropoulos G., Tasis D. Impact of the fabrication method on the physicochemical properties of carbon nanotube-based aerogels [J]. Microporous Mesoporous Material, 2011, 143: 451-457.

[6] Pekala R. W. Organic aerogels from the polycondensation of resorcinol with rormaldehyde [J]. J. Mater. Sci., 1989, 24: 3221-3227.

[7] Worsley M. A., Kucheyev S. O., Satcher J. H., Hamza A. V., Baumann T. F. Mechanically robust and electrically conductive carbon nanotube foams [J]. Applied Physical Letters, 2009, 94: 073115.

[8] Worsley M. A., Kucheyev S. O., Kuntz J. D., Olson T. Y., Han T. Y. J., Hamza A. V., Satcher J. H., Baumann T. F. Carbon scaffolds for stiff and highly conductive monolithic oxide-carbon nanotube composites [J]. Chemical of materials, 2011, 23: 3054-3061.

[9] Gutiérrez M. C., Ferrer M. L., Monte F. Ice-templated materials: sophisticated structures exhibiting enhanced functionalities obtained after unidirectional freezing and ice-segregation-induced self-assembly [J]. Chemical of Materials, 2008, 20: 634-648.

[10] Thongprachan N., Nakagawa K., Sano N., Charinpanitkul T., Tanthapanichakoon W. Preparation of macroporous solid foam from multi-walled carbon nanotubes by freeze-drying technique. Materials Chemistry and Physics, 2008, 112: 262-269.

[11] Chen W., Rakhi R. B., Hu L., Xing X., Cui Y., Alshareef H. N. High-performance nanostructured supercapacitors on a sponge [J]. Nano Lettets, 2011, 11: 5165-5172.

[12] Chen W., Rakhi R. B., Alshareef H. N. High energy density supercapacitors using macroporous kitchen sponges [J]. Journal of Materials Chemistry, 2012, 22: 14394-14402.

[13] Xie X., Ye M., Hu L., Liu N., McDonough J. R., Chen W., Alshareef H. N.,

Criddle C. S. , Cui Y. Carbon nanotube-coated macroporous sponge for microbial fuel cell electrodes [J]. Energy & Environmental Science, 2012, 5: 5265-5270.

[14] Hirata E. , Uo M. , Takita H. , Akasaka T. , Watari F. , Yokoyama A. Development of a 3D collagen scaffold coated with multiwalled carbon nanotubes [J]. Journal of Biomedical Materials Research Part B, 2009, 90: 629-634.

[15] Hirata E. , Uo M. , Takita H. , Akasaka T. , Watari F. , Yokoyama A. Multiwalled carbon nanotube-coating of 3D collagen scaffolds for bone tissue engineering [J]. Carbon 2011, 49: 3284-3291.

[16] Petrov P. D. , Georgiev G. L. Ice-mediated coating of macroporous cryogels by carbon nanotubes: a concept towards electrically conducting nanocomposites [J]. Chemical Communications, 2011, 47: 5768-5770.

[17] Petrov P. D. , Georgiev G. L. Fabrication of super-macroporous nanocomposites by deposition of carbon nanotubesonto polymer cryogels [J]. European Polymer Journal, 2012, 48: 1366-1373.

[18] Chen W. , Rakhi R. B. , Alshareef H. N. High energy density supercapacitors using macroporous kitchen sponges [J]. Journal of Materials Chemistry, 2012, 22: 14394-14402.

[19] Hata K. , Futaba D. N. , Mizuno K. , Namai T. , Yumura M. , Lijima S. Water-assisted highly efficient synthesis of impurity-free single-walled carbon nanotubes [J]. Science, 2004, 306: 1362-1364.

[20] Futaba D. N. , Hata K. , Yamada T. , Hiraoka T. , Hayamizu Y. , Kakudate Y. , Tanaike O. , Hatori H. , Yumura M. , Iijima S. Shape-engineerable and highly densely packed single-walled carbon nanotubes and their application as super-capacitor electrodes [J]. Nature Materials, 2006, 5: 987-994.

[21] Talapatra S. , Kar S. , Pal S. K. , Vajtai R. , Ci L. , Victor P. , Shaijumon M. M. , Kaur S. , Nalamasu O. , Ajayan P. M. Direct growth of aligned carbon nanotubes on bulk metals [J]. Nature Nanotechnology, 2006, 1: 112-116.

[22] Gui X. C. , Wei J. W. , Wang K. L. , Cao A. , Zhu H. , Jia Y. , Shu Q. , Wu D. Carbon nanotube sponges [J]. Advanced Materials, 2010, 22: 617-621.

[23] Zheng L. , Zhang X. , Li Q. , Chikkannanavar S. B. , Li Y. , Zhao Y. , Liao X. , Jia Q. , Doorn S. K. , Peterson D. E. , Zhu Y. Carbon-nanotube cotton for large-scale fibers [J]. Advanced Materials, 2007, 19: 2567-2570.

[24] Liu Q. , Ren W. , Wang D. , Chen Z. , Pei S. , Liu B. , Li F. , Cong H. , Liu C. , Cheng H. M. In situ assembly of multi-sheeted buckybooks from single-walled carbon nano-

tubes [J]. ACS Nano, 2009, 3: 707-713.

[25] Gui X. C., Wei J. W., Wang K. L., Cao A., Zhu H. W., Jia Y., Shu Q. K., Wu D. Carbon nanotube sponges [J]. Advanced Materials, 2010, 22: 617-621.

[26] Gui X. C., Cao A. Y., Wei J. Q., Li H. B., Jia Y., Li Z., Fan L., Wang K., Zhu H. W., Wu D. H. Soft, highly conductive nanotube sponges and composites with controlled compressibility [J]. ACS Nano, 2010, 4: 2320-2326.

[27] Bai H., Li C., Shi G. Functional composite materials based on chemically converted graphene [J]. Advanced Materials, 2011, 23: 1089-1115.

[28] Xu M., Futaba D. N., Yamada T., Yumura M., Hata K. Carbon nanotubes with temperature-invariant viscoelasticity from -196℃ to 1000 [J]. Science, 2012, 330: 1363-1368.

[29] Chen Z., Ren W., Gao L., Liu B., Pei S. F., Cheng H. M. Three-dimensional flexible and conductive interconnected graphene networks grown by chemical vapour deposition [J]. Nature Materials, 2011, 10: 424-428.

[30] Yavari F., Chen Z., Thomas A. V., Ren W., Cheng H. M., Koratkar N. High sensitivity gas detection using a macroscopic three-dimensional graphene foam network [J]. Scientific Reports, 2011, 1: 166.

[31] Peng Q., Li Y., He X., Gui X. D., Shang Y. Y., Wang C. H., Wang C., Zhao W. Q., Du S. Y., Shi E., Li P. X., Wu D. H., Cao A. Y. Graphene nanoribbon aerogels unzipped from carbon nanotube sponges [J]. Advanced Materials, 2014, 26: 3241-3247.

[32] Vickery J. L., Patil A. J., Mann S. Fabrication of graphene-polymer nanocomposites with higher-order three-dimensional architectures [J]. Advanced Materials, 2009, 21: 2180-2184.

[33] Estevez L., Kelarakis A., Gong Q. M., Daas E. H., Giannelis E. P. Multifunctional graphene/platinum/nafion hybrid via ice templating [J]. Journal of American Chemistry Society, 2011, 133: 6122-6125.

[34] Wang J., Ellsworth M. W. Graphene aerogels [J]. Electrochemical Society Transactions, 2009, 7: 241-247.

[35] Qiu L., Liu J. Z., Chang S. L., Wu Y. Z., Li D. Biomimetic superelastic graphene-based cellular monoliths [J]. Nature Communications, 2012, 3: 1241.

[36] Li Y., Chen J., Huang L., Li C., Hong J. D., Shi G. Q. Highly compressible macroporous graphene monoliths via an improved hydrothermal process [J]. Advanced Materials, 2014, 26: 4789-4793.

[37] Nguyen D. D. , Tai N. H. , Lee S. B. , Kuo W. S. Superhydrophobic and superoleophilic properties of graphene-based sponges fabricated using a facile dip coating method [J]. Energy & Environmental Science 2012, 5: 7908-7912.

[38] Xu Y. , Sheng K. , Li C. , Shi G. Q. Self-assembled graphene hydrogel via a one-step hydrothermal process [J]. ACS Nano, 2010, 4: 4324-4330.

[39] Bai H. , Li C. , Wang X. L. , Shi G. Q. On the gelation of graphene oxide [J]. Journal of Physical Chemistry C, 2011, 115: 5545-5551.

[40] Bai H. , Li C. , Wang X. L. , Shi G. Q. A pH-sensitive graphene oxide composite hydrogel [J]. Chemical Communications, 2010, 46: 2376-2378.

[41] Compton O. C. , An Z. , Putz K. W. , Hong B. J. , Hauser B. G. , Brinson L. C. , Nguyen S. B. T. Additive-free hydrogelation of graphene oxide by ultrasonication [J]. Carbon, 2012, 50: 3399-3406.

[42] Chen W. , Yan L. In situ self-assembly of mild chemical reduction graphene for three-dimensional architectures [J]. Nanoscale, 2011, 3: 3132-3137.

[43] Gilbert M. T. , Knox J. H. , Kaur B. Porous glassy carbon, a new columns packing material for gas chromatography and high-performance liquid chromatography [J]. Chromatographia, 1982, 16: 138-146.

[44] Wang X. , Lee J. S. , Zhu Q. , Liu J. , Wang Y. , Dai S. Ammonia-treated ordered mesoporous carbons as catalytic materials for oxygen reduction reaction [J]. Chemical Materials, 2010, 22: 2178-2180.

[45] Jun S. , Joo S. H. , Ryoo R. , Krut M. , Jaroniec M. , Liu Z. , Ohsuna T. , Terasaki O. Synthesis of new, nanoporous carbon with hexagonally ordered mesostructured [J]. Journal of the American Chemistry Society, 2000, 122: 10712-10713.

[46] Yu J. S. , Kang. S. , Yoon S. B. , Chai G. S. Fabrication of ordered uniform porous carbon networks and their application to a catalyst supporter [J]. Journal of the American Chemistry Society, 2002, 124: 9382-9383.

[47] Ryoo R. , Joo S. H. , Jun S. Synthesis of highly ordered carbon molecular sieves via template-mediated structural transformation [J]. Journal of Physical Chemistry B, 1999, 103: 7743-7746.

[48] Lu Y. Surfactant-templated mesoporous materials: from inorganic to hybrid to organic [J]. Angewandte Chemie International Edition, 2006, 45: 7664-7667.

[49] Ryoo R. , Ko C. H. , Kruk M. , Antochshuk V. , Jaroniec M. Block-copolymer-templated ordered mesoporous silica: arrays of uniform mesopores or mesopore-micropore network

[J]. Journal of Physical Chemistry B, 2000, 104: 11465-11471.

[50] Li Y., Shi J. Hollow-structured mesoporous materials: chemical synthesis, functionalization and applications [J]. Advanced Materials, 2014, 26: 3176-3205.

[51] Jagtoyen M., Derbyshire F. Activated carbons from yellow poplar and white oak by H3PO4 activation [J]. Carbon, 1998, 36: 1085-1097.

[52] Ma X., Ouyang F. Adsorption properties of biomass-based activated carbon prepared with spent coffee grounds and pomelo skin by phosphoric acid activation [J]. Applied Surface Science, 2013, 268: 566-570.

[53] Zhao L., Fan L. Z., Zhou M. Q., Guan H., Qiao S. Y., Antonietti M., Titirici M. M. Nitrogen-containing hydrothermal carbons with superior performance in supercapacitors [J]. Advanced Materials, 2010, 22: 5202-5206.

[54] Wu X., Jiang L., Long C., Fan Z. J. From flour to honeycomb-like carbon foam: Carbon makes room for high energy density supercapacitors [J]. Nano Energy, 2015, 13: 527-536.

[55] Lu C., Xu S., Liu C. The role of K_2CO_3 during the chemical activation of petroleum coke with KOH [J]. Journal of Analytical and Applied Pyrolysis, 2010, 87: 282-287.

[56] Gurten I. I., Ozmak M., Yagmur E., Aktas Z. Preparation and characterization of activated carbon from waste tea using K_2CO_3[J]. Biomass & Bioenergy, 2012, 37: 73-81.

[57] He X., Ling P., Yu M., Wang X. T., Zhang X. Y., Zheng M. D. Rice husk-derived porous carbons with high capacitance by ZnCl2 activation for supercapacitors [J]. Electrochimica Acta, 2013, 105: 635-641.

[58] He X., Li R., Han J., Yu M. X., Wu M. B. Facile preparation of mesoporous carbons for supercapacitors by one-step microwave-assisted $ZnCl_2$ activation [J]. Materials Letters, 2013, 94: 158-160.

[59] Zhuang X., Wan Y., Feng C., Shen Y., Zhao D. Y. Highly efficient adsorption of bulky dye molecules in wastewater on ordered mesoporous carbons [J]. Chemistry of Materials, 2009, 21: 706-716.

第3章　三维碳纳米材料在机械能吸收中的应用

3.1　三维碳纳米管用于机械能吸收

理论计算和实验结果都表明单根碳纳米管具有很高的机械强度，弹性模量高达1TPa[1]。但是当碳纳米管组装成三维结构时，是否仍然具有很高的强度，这就需要进一步的试验研究。碳纳米管宏观体的合成为宏观测量碳纳米管力学性能带来了可能。解思深课题组对直径约10μm、长度为2mm左右的定向排列的多壁碳纳米管阵列进行拉伸实验[2]，得到多壁碳纳米管平均弹性模量和抗拉强度分别为0.45TPa±0.23TPa和1.72GPa±0.64GPa。Zhu等[3]采用浮动催化裂解法制得了直径为10μm、长度达20cm的单壁碳纳米管长丝，宏观拉伸得到长丝的弹性模量和抗拉强度分别为77GPa和1.2GPa，通过计算实际承载的管束面积得到单壁碳纳米管束的弹性模量和抗拉强度分别为150GPa和2.4GPa。Li等[4]对催化裂解法制得的直径3~20μm、长度10cm的双壁碳纳米管长丝进行了拉伸实验，测得长丝的平均弹性模量和抗拉强度分别为16GPa和1.2GPa，通过计算实际承载的管束面积得到双壁碳纳米管管束的弹性模量和抗拉强度分别为80GPa和6GPa。对单壁碳纳米管薄膜进行的拉伸实验表明，它的平均弹性模量和抗拉强度分别为0.7TPa±0.27TPa和600GPa±231GPa[5]。以上拉伸实验结果表明，无论是单壁、双壁还是多壁碳纳米管，当长度达到宏观量级时，仍具有很高的强度。

Tong等[6]用化学气相沉积法(CVD)合成的定向多壁碳纳米管阵列密实化以后，进行压缩测量，碳纳米管的厚度为15~500μm，结果表明碳纳米管的弹性模量与碳纳米管的厚度无关。Misra等[7]研究了应变速率对碳纳米管阵列力学性能的影响，在低应变速率情况下，应变速率对压缩曲线有很大的影响；

在高应变速率下，碳纳米管阵列将产生结构缺陷。碳纳米管宏观体不仅具有很好的强度，还具有很好的韧性和抗疲劳性能。Suhr 等[8]将定向碳纳米管阵列在应变为15%的条件下循环压缩，循环压缩次数达到 5×10^5 次时碳纳米管都没有发生疲劳破坏。Cao 等[9]发现，定向碳纳米管阵列具有超循环压缩性能，压缩时碳纳米管成波浪形(如图 3.1)，卸载后碳纳米管又恢复到原来的厚度。

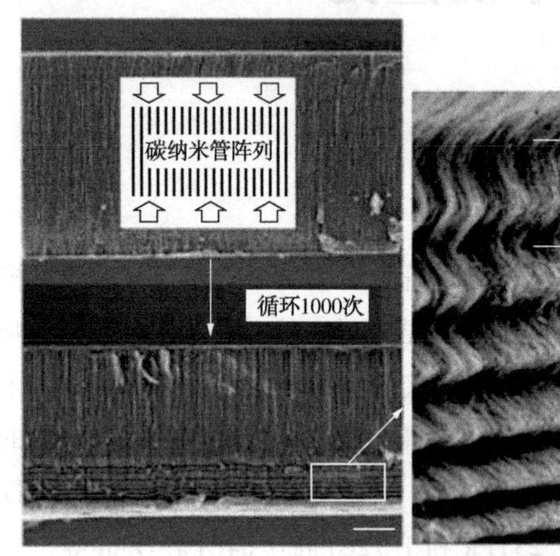

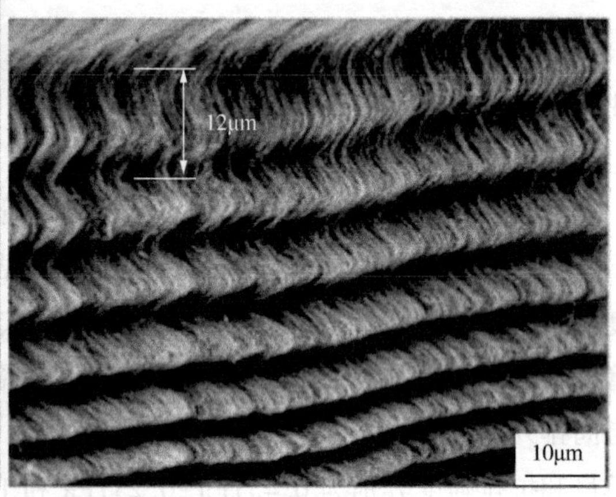

图 3.1　压缩后成波浪状的碳纳米管阵列扫描电镜图[9]

三维碳纳米管宏观体具有多孔的结构，压缩时将吸收能量。Dalton 等[10]将单壁碳纳米管与聚乙烯醇复合，通过纺纱的方法制备出直径约 50μm、碳纳米管质量分数为 60%的复合纤维。该纤维的抗拉强度达到 1.8GPa，拉断纤维的能量达到 570kJ/kg，远大于蜘蛛丝(165kJ/kg)、防弹衣材料(33kJ/kg)和石墨纤维(12kJ/kg)等。Miaudet 等[11]用热拔的方法制备得到的碳纳米管/聚乙烯醇复合材料具有更高的断裂吸收能。单壁碳纳米管复合纤维的断裂应变达到430%，吸收能为 870kJ/kg；多壁碳纳米管复合纤维的断裂应变达到 340%，吸收能为 690kJ/kg。魏飞课题组将粉末状碳纳米管装在容器里进行压缩[12]，吸收的能量达 79kJ/kg。而对多层定向碳纳米管阵列进行循环压缩，压缩应变可达 95%，并且具有很大的回弹性。在单个压缩循环过程中有 40%能量被碳纳米管阵列所吸收，吸收的能量达到 149kJ/kg。

Xu 等制备的各向同性碳纳米管橡胶显示出令人惊奇的机械性能，特别是在-196～1000℃的温度区间内展现出几乎恒定的黏弹性(储能和损耗模量，阻尼比)[14]。SEM 观察和赫尔曼定向因子(HOF)计算揭示了它的工作机理，如图 3.2 所示。在小应变下，通过碳纳米管的可逆解链过程来承受应变。在大应变下，通过碳纳米管不可逆的滑移，拉直和成束来承受应变。碳纳米管橡胶的管间结构是其压缩行为和能量耗散机制的关键因素。碳纳米管相互缠绕形成的大量节点和支柱，这是结构稳定性的关键因素。在节点中，碳纳米管可以通过拉链和解链可逆地吸附在一起或者彼此分离。在碳纳米管“拉链”期间能量将被耗散以克服碳纳米管之间的大范德华力，而对于解链期间没有出现能量耗散。碳纳米管之间的滑动造成的耗散能量可以忽略不计，因为它们之间只有很小的摩擦系数(0.003)。总而言之，高密度“可分离”节点成为碳纳米管橡胶能量耗散的来源。

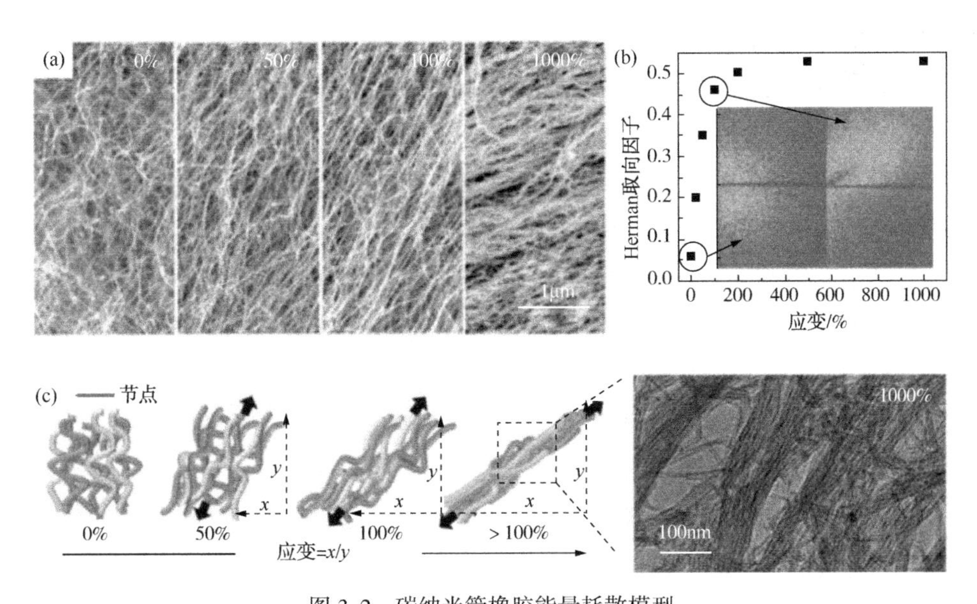

图 3.2　碳纳米管橡胶能量耗散模型

(a)不同剪切应变下的扫描电镜图；(b)作为剪切应变函数的 Herman 取向因子(HOF)，(插图)在 0%和 100%应变下的扫描电镜图像的二维快速傅里叶变换；(c)管间结构变化的示意图，(插图)1000%应变下管间结构的透射电镜图像[14]

桂许春等采用催化裂解 CVD 制备了三维碳纳米管海绵，并将其用于机械能吸收[15]。碳纳米管海绵中的碳纳米管互相交织缠绕在一起，交织的地方形成“结头”。作者认为“结头”之间的作用力主要是碳纳米管之间的机械力和范德华力，不同的“结头”接合的强度不同。机械力主要是由碳纳米管相互缠绕引起，表现为对碳纳米管海绵被压缩时，碳纳米管互相拉动。而当碳纳米管靠在一起时，碳纳米管之间有范德华力。单个“结头”中机械力和范德华力的大小需要在电镜下，通过探针操作测量。由于实验条件限制，作者不再对单个“结头”的机械力和范德华力测量分析，而是从宏观上对碳纳米管绵进行循环压缩分析。对碳纳米管绵进行压缩时，在较低的应变时($\varepsilon<20\%$，ε 为压缩应变)，应力很小。外力对碳纳米管“结头”的作用力很弱，引起碳纳米管“结头”的滑移较少，其应变主要是碳纳米管的弹性弯曲。所以施加在碳纳米管绵上的应力释放后，碳纳米管绵基本恢复而没有塑性变形。随着应变的增加($20\%<\varepsilon<90\%$)，碳纳米管的弯曲继续增大，应力增大，作用在碳纳米管“结头”上的作用力也增大，对于结合不强的“结头”开始松动，碳纳米管出现滑移。应变越大，应力越大，出现松动的“结头”越多。这一阶段的应变是由碳纳米管的弯曲和滑移引起，应力释放后碳纳米管的弹性弯曲变形能恢复，而滑移不能恢复，最后以塑性变形的形式存在。当应变 $\varepsilon>90\%$时，碳纳米管绵的大量孔隙已被压缩，碳纳米管互相接触。随着应变的增加，碳纳米管在弯曲和滑移的同时，出现碳纳米管之间的挤压，应力迅速增加。

碳纳米管绵是一种密度和峰值应力都很低的多孔材料，适合用于吸能减振。相对于致密固体材料，对于同样的能量吸收，碳纳米管绵产生的峰值应力要低很多。对碳纳米管绵加载时，碳纳米管绵将吸收外界的机械能。碳纳米管绵对机械能的吸收主要来自碳纳米管绵塑性变形时吸收的能量，以及碳纳米管之间的摩擦和碳纳米管与空气之间的摩擦而耗散的能量。由于碳纳米管绵在压缩的过程中存在弹性弯曲，所以在加载过程中部分机械能将转化为碳纳米管绵的弹性能，存储下来的弹性能将在卸载过程中重新释放。碳纳米管绵在压缩过程中由于滑移、摩擦等而消耗部分能量，故不是所有的机械能都能转化为弹性能，一部分将以热的形式耗散掉，其比例百分数为损耗系数。

3.2 三维石墨烯用于机械能吸收

利用碱性弱还原剂在诱导氧化石墨烯凝胶化过程中有效的抑制片层在组装时的剧烈堆积，所得超轻的三维石墨烯气凝胶表现出非常优异的机械性能。当压缩应变为90%时，石墨烯气凝胶也能在卸载后恢复原始的形貌而不发生结构破坏。在加载过程中，随着应变的逐渐增大，石墨烯气凝胶的孔隙不断地被压缩(图 3.3)[16]。这种优异的弹性赋予了石墨烯气凝胶结构在缓冲减振、柔性电子器件等领域的应用前景。

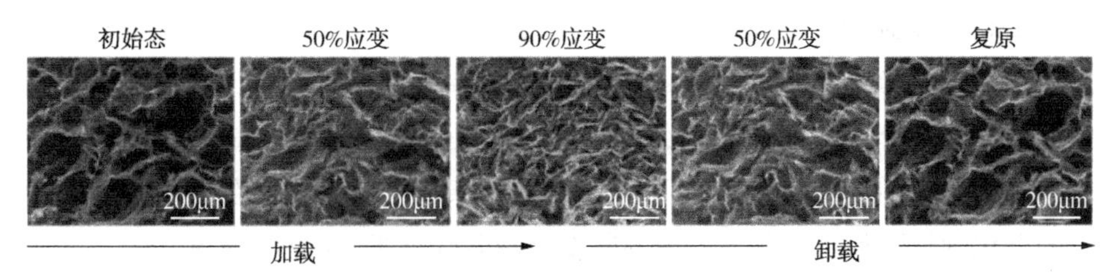

图 3.3　三维石墨烯气凝胶加载/卸载过程中扫描电镜图[16]

3.3　三维碳纳米管用于高应变速率冲击能量吸收

碳纳米管可作为组装具有低密度、高孔隙率和良好压缩性能的宏观材料的基本单元，这些宏观材料可以用于机械能吸收和缓冲材料。之前有大量关于碳纳米管阵列在低应变速率的准静态压缩时的力学性能和机械能吸收研究报道。不同于低应变速率($10^{-3}\sim10^{-1}/s^{-1}$)的准静态压缩，动态冲击的应变速率高达 $10^3/s^{-1}$，这可能会导致碳纳米管阵列不同的变形方式。

Daraio 等[17,18]通过落球实验研究了高度相对较低的阵列碳纳米管和类泡沫螺旋状碳纳米管在受冲击后的变形机理。由于不同内部结构的碳纳米管的冲击耗能机理不一样，碳纳米管的种类(单壁/多壁)和结构(阵列/类泡沫/类海绵)对其冲击响应有很大影响。Wang 等[19]研究了单壁碳纳米管的冲击耗能机理。Talebian 等[20]对多壁碳纳米管在冲击载荷下的回复进行了研究。

作者采用水辅助化学气相沉积法制备毫米级的定向碳纳米管阵列，并研究其对冲击能量的耗散机制。碳纳米管阵列的制备采用水辅助化学气相沉积法，制备过程分为三步：首先是基体的清洗，然后在基体上沉积催化剂膜，最后在化学气相沉积(CVD)系统中生长碳纳米管阵列，如图 3.4 所示。具体实验步骤如下：

(1) 基体清洗

试验中，我们选用尺寸为 ϕ101.6mm×0.5mm 的 N 型单晶抛光硅片，用丙酮、乙醇和去离子水依次超声清洗，清洗完用 N_2吹干备用。

（2）催化剂膜的制备

催化剂膜的制备是在实验室的 Danton Vacuum 磁控溅射仪上完成的。在25℃下，设置200W 的射频溅射功率，11sccm 的溅射气压，氩气与氧气比 10，反应180s，得到30nm 厚的氧化铝薄膜。反应磁控溅射氧化铝后，在25℃下，设置20W 的直流溅射功率，12sccm 的溅射气压，反应15~200s，得到催化剂铁薄膜。在这个催化剂体系中，氧化铝薄膜是缓冲层，铁膜是催化剂。缓冲层的作用是抑制有铁膜在高温下的奥斯瓦尔德熟化，使铁膜在退火时形成均匀的催化剂铁颗粒，催化剂铁膜的厚度控制着碳纳米管的直径和壁厚。

（3）碳纳米管阵列的生长

使用水辅助化学气相沉积法制备阵列碳纳米管。高纯氩气（99.999%）为载气，氢气（99.99%）为还原气，乙烯（99.9%）为碳源，氧化铝/铁为催化剂。生长过程中引入的 10^{-6}级别的水分为辅助，用来提高碳纳米管的纯度。整个生长过程主要分为催化剂退火阶段与生长阶段。具体制备工艺如下：首先将附有催化剂体系的硅基底放入管式炉中，通入1000sccm 氩气对石英管内进行清洗10min。然后启动升温程序，温度从室温升高到750℃。启动升温的同时通入氢气，氢气在这个过程中起还原催化剂的作用，它可以在高温中将被氧化的铁原子还原。随着温度逐渐升高，在750℃的退火温度下，退火5min，铁膜裂解成尺寸均匀的铁纳米颗粒。然后控制水分值为 150×10^{-6}，乙烯流量100sccm，氢气流量700sccm，铁纳米颗粒表面会生成阵列碳纳米管，生长时间为5~30min。自然冷却后取出产物，机械剥离。

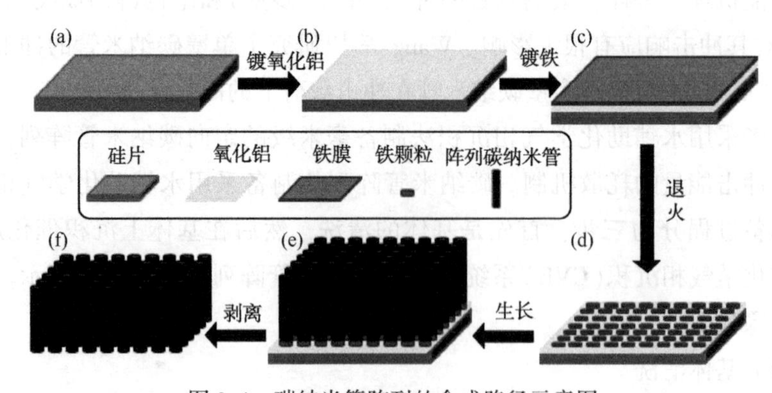

图 3.4　碳纳米管阵列的合成路径示意图

随着小球高度从5cm增加到30cm，小球的初始冲击速度从1m/s增加到2.4m/s，冲击形成凹坑深度逐渐增加，并且形成多条放射状的裂纹[图3.5(a)~(d)]。当落球的初始速度为1m/s时，通过碳纳米管阵列SEM俯视图和侧视图，我们可以看出碳纳米管主要是小幅度弯曲变形，基本保持了阵列的形貌[图3.5(e)(i)]。因此，较小的弯曲变形所对应的冲击作用力最小。随着冲击速度的增加，从俯视图来看，阵列顶部相互缠绕的碳纳米管致密度逐渐增加，直到最后压实到同一平面内[图3.5(e)~(h)]。从侧视图来看，碳纳米管从垂直阵列，逐渐产生弯曲变形。弯曲的碳纳米管相互缠绕逐渐形成碳纳米管束[图3.5(i)~(l)]。在碳纳米管弯曲变形的同时，碳纳米管阵列中的空气逐渐被排出，孔隙被压缩，直到最后完全被压实。如上所述，碳纳米管的弯曲变形逐渐增大，形成碳纳米管束直到最后完全压实，这就对应于逐渐增大的作用力。

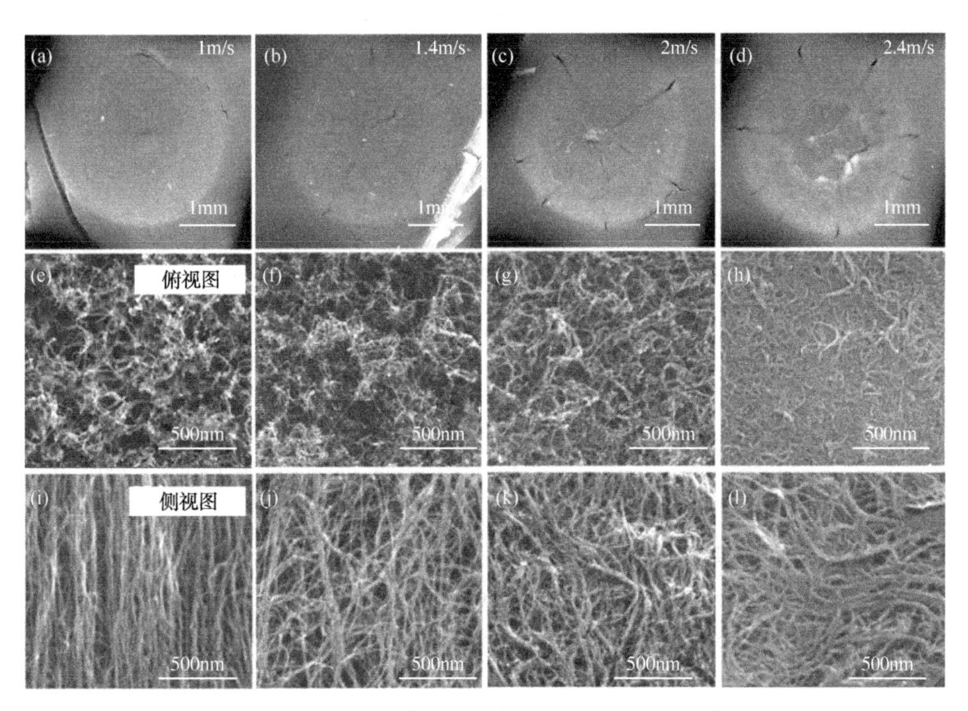

图3.5(a)~(d)不同初始速度冲击后，碳纳米管阵列变形区域的扫描电镜图，对应的(e)~(h)俯视图和(i)~(l)侧视图

在冲击作用力下，碳纳米管阵列通过以下两种方式来耗散能量：一方面通过碳纳米管的弯曲变形，逐渐形成相互缠绕的压缩模量较大的碳纳米管束。这些相互缠绕的碳纳米管束相互牵扯，使碳纳米管的弯曲变形不能恢复，在冲击载荷卸载后以塑性变形的方式存在；另一方面，在碳纳米管弯曲变形的同时，阵列中的空气受到挤压，从阵列中排出时与碳纳米管产生摩擦，这也会耗散一部分冲击能量。

总的来说，碳纳米管阵列对机械能的耗散主要来自碳纳米管塑性变形时以及与空气之间的摩擦。我们也计算了不同初始速度冲击，碳纳米管阵列的吸收的冲击能量。随着冲击初始速度从 1m/s 增加到 2.4m/s，吸收的冲击能量逐渐增大 0.82J/kg。在初始速度为 2.4m/s 时，碳纳米管阵列吸收能量数值达到最大，之后逐渐降低。这是由于在初始速度达到 2.4m/s 时，碳纳米管阵列两种耗散能量的方式发挥了最大作用。进一步增加初始速度，小球的初始冲击动能增大，但是碳纳米管阵列耗散能量的能力保持不变，所以碳纳米管阵列吸收的冲击能量逐渐下降。

参 考 文 献

[1] 韦进全，张先锋，王昆林．碳纳米管宏观体．北京：清华大学出版社，2006.

[2] Pan Z. W., Xie S. S., Lu L., Chang B. H., Sun L. F., Zhou W. Y., Wang G., Zhang D. L. Tensile tests of ropes of very long aligned multiwall carbon nanotubes. Applied Physics Letters, 1999, 74: 3152-3154.

[3] Zhu H. W., Xu C. L., Wu D. H., Wei B. Q., Vajtai R., Ajayan P. M. Direct synthesis of long single-walled carbon nanotube strands. Science, 2002, 296: 884-886.

[4] Li Y. J., Wang K. L., Wei J. Q., G Z. Y., Wang Z. C., Luo J. B., Wu D. H. Tensile properties of long aligned double-walled carbon nanotube strands. Carbon, 2005, 43: 31-35.

[5] Song L., Ci L., Lv L., Zhou Z., Yan X., Liu D., Yuan H., Gao Y., Wang J., Liu L., Zhao X., Zhang Z., Dou X., Zhou W., Wang G., Wang C., Xie S. Direct synthesis of a macroscale single-walled carbon nanotube non-woven material. Advanced Materials, 2004, 16: 1529-1534.

[6] Tong T., Zhao Y., Delzeit L., Kashani A., Mwyyappan M., Majumdar A. Height independent compressive modulus of vertically aligned carbon nanotube arrays. Nano Letters, 2008, 8: 511-515.

[7] Misra A., Greer J. R., Daraio C. Strain rate effects in the mechanical response of polymer-

anchored carbon nanotube foams. Advanced Materials, 2009, 21: 334-338.

[8] Suhr J., Victor P., Sreekala L., Zhang X., Nalamasu O., Ajayan P. M. Fatigue resistance of aligned carbon nanotube arrays under cyclic compression. Nature Nanotechnology, 2007, 2: 417-421.

[9] Cao A. Y., Dickrell P. L., Sawyer W. G., Ghasemi-Nejhad M. N., Ajayan P. M. Super-compressible foamlike carbon nanotube films. Science, 2005, 310: 1307-1310.

[10] Dalton A. B., Collins S., Munoz E., Razal j. M., Ebron V. H., Feraris J. P., Coleman J. N., Kim B. G., Baughman R. H. Super - tough carbon - nanotube fibres - These extraordinary composite fibres can be woven into electronic textiles. Nature, 2003, 423: 703-703.

[11] Miaudet P., Badaire S., Maugey M., Derre A., Pichot V., Launois P., Poulin P., Zakri C. Hot-drawing of single and multiwall carbon nanotube fibers for high toughness and alignment. Nano Letters, 2005, 5: 2212-2215.

[12] Liu Y., Qian W., Zhang Q., Cao A. Y., Li Z. F., Zhou W. P., Ma Y., Wei F. Hierarchical agglomerates of carbon nanotubes as high-pressure cushions. Nano Letters, 2008, 8: 1323-1327.

[13] Zhang Q., Zhao M. Q., Liu Y., Cao A. Y., Qian W. Z., Lu Y. F., Wei F. Energy-absorbing hybrid composites based on alternate carbon - nanotube and inorganic layers. Advanced Materials, 2009, 21: 2876-2880.

[14] Xu M., Futaba D. N., Yamada T., Yumura M. Carbon nanotubes with temperature-invariant viscoelasticity from -196℃ to 1000 [J]. Science, 2012, 330: 1363-1368.

[15] Gui X. C., Wei J. Q., Wang K. L., Cao A. Y., Zhu H. W., Jia Y., Shu Q. K., Wu D. H. Carbon nanotube sponges. Advanced materials, 2010, 22, 617-621.

[16] Hu H., Zhao Z., Wan W., Gogotsi Y., Qiu J. S. Ultralight and highly compressible graphene aerogels [J]. Advanced Materials, 2013, 25: 2219-2223.

[17] Daraio C., Nesterenko V. F., Joseph F. A., Jin S. Dynamic Nanofragmentation of Carbon Nanotubes[J]. Nano Letters, 2004, 4: 181-185.

[18] Daraio C., Nesterenko V. F., Jin S., Wang W., Rao AM. Impact response by a foam like forest of coiled carbon nanotubes[J]. Journal of Applied Physics, 2006, 100: 064309-064309-4.

[19] Wang X., Dai H. L. Dynamic response of a single-wall carbon nanotube subjected to impact [J]. Carbon, 2006, 44: 167-170.

[20] Talebian S. T., Tahani M., Abolbashari M. H., Hosseini S. M. Response of multiwall carbon nanotubes to impact loading [J]. Applied Mathematical Modelling, 2013, 37: 5359-5370.

第4章　三维碳纳米材料在应变传感器中的应用

4.1　引言

随着生活质量的提高，人们越来越关注自身的健康问题，需要经常测量血压、血糖、心率等身体指标，去医院做检查成为一项费时、费力的工程。正是由于人们的这种需求，使得家用的小型检查设备迅速发展起来，在很大程度上替代了医院的大型设备。这种发展给患者提供了很大的便利，坐在家里就可以检查身体的健康状况，避免了去医院排队挂号看病的复杂过程。另外，也缓解了医疗系统的压力，为医院节约了大量的人力和物力。但是，心脏病等特殊疾病的患者需要实时监测自身的健康状况，因此，他们更需要的是一种能够随身携带的健康检测设备。针对这一难题，研究者们提出了可穿戴的检测设备，可穿戴就意味着设备的体积要小、质量要轻。

集成电路的迅速发展，使得硬件的制造技术越来越成熟，生产出来的芯片功能趋于多样化，体积也趋于小型化，因此，实现便携式可穿戴设备成为可能。近几年，集成电路与计算机、网络技术的结合应用越来越广泛，使得生活中的方方面面都趋于智能化。在计算机、网络技术的推动下，可穿戴设备能够与电脑、手机实现无线连接，人们只需要通过屏幕上的直观数字显示，就能获得测量结果。这种便携式的设备受到了大众的青睐，并逐渐发展成了一个独立的产业，在世界范围内，成为销售额增长最快的电子产品类别之一，受到了各行各业的高度关注。

在实时监测的前提下，消费者越来越看重可穿戴设备的舒适感，因此，提高可穿戴设备的柔软性成为关键。近几年，柔性材料的发展掀起一股热潮，引起国内外许多研究者的关注，柔性传感器的研制也成为热门的研究课题。

因此，有人提出将柔性传感器制备成可穿戴设备。通过将柔性传感器嵌入手套、衣服、鞋垫或者其他贴身的饰物中，实现对人体健康的实时监测。

可以看出，便携式柔性可穿戴设备会给人们的生活带来巨大的好处，但是离普及化还有一定的距离。这主要是由于目前柔性传感器还处于研究阶段，原材料的价格比较高，即使投入生产，成本也很高，对于收入低的普通家庭来说，承担不了这么高的消费水平。研究者们仍在继续探索，寻找降低生产成本的方法，实现便携式柔性可穿戴设备的普及。

4.2 应变传感器简介

《中国传感器产业发展白皮书》中对传感器(transducer/sensor)的定义是：能感受规定的被测量并按一定的规律(数字函数法则)转换成可用输出信号的器件或装置。常用的传感器包括：应变传感器、温度传感器、湿度传感器、气体传感器、红外传感器、生物传感器等。其中，应变传感器作为不可或缺的一种传感器，在可穿戴设备、电子皮肤、智能机器人、智能家居、远程医疗监控、智能假肢、桥梁承载状况鉴定等领域都发挥着重要的作用。应变传感器的主要用途包括：测量应变、应力、加速度、施力位置、重量、振动、弯折角度等非电量参数。衡量应变传感器传感性能的指标主要包括：应变范围、最小/最大应变量、精度、信噪比、灵敏度、循环应变特性、响应时间、弛豫时间、成本、是否环保、制备过程是否简便等。根据传感机理的不同，应变传感器可以分为电阻型、电容型、压电型和摩擦电型四大类。电阻型应变传感器是指将被测试物体上的应变转换成电阻信号用于测量，适用于建筑物裂纹检测、质量测量以及人机交互等多个领域。

4.3 柔性传感器的传感机理

柔性传感器主要是将外部形变转化为电信号。有效地将外部形变转化为电信号是柔性可穿戴电子应变传感器的核心技术。柔性可穿戴电子应变传感器常见的信号转换机制有三种形式：压阻[1]、压电[2]和电容[3]。另外，摩擦发电[4]、光学效应[5]等转换机制的传感器也受到了非常高的关注。

4.3.1 压阻传感器

压阻传感器是将力的变化转换成电测量系统容易检测到的电阻变化，进而可以方便地利用电学测试系统来监测外力的变化。压阻传感器由于其简单的设备设计和读数机制等优点，也是当前研究最为广泛的一种电子传感器[6]。Han 等[7]通过把 PDMS 和导电碳纳米粒子结合起来，借助于冲压工艺的微图案化，制造高灵敏度的柔性电子应变传感器，可用于医疗领域。来自苏州纳米有限公司的 Wang 等[8]研发了一种高灵敏度、快速响应、丝成型柔性压阻传感器。通过将精致的丝绸纺织品用作模具，把它们的反向微图案复制到 PDMS 表面上，然后，将均匀的微图案化 PDMS 膜与 SWNT 超薄膜组合来制造超敏电子皮肤装置。由两层图案化的 SWNT/PDMS 膜构成的灵活的电子皮肤感测装置具有超快的灵敏度，用于检测微小的力，响应时间快，稳定性和重复性好，并且器件的检测极限低至 0.6Pa。该电子皮肤设备在监测人体生理信号中的应用已被证明具有出色的感测性能，可以应用于预防疾病和早期疾病的预测。

4.3.2 压电传感器

压电传感器是利用某些电介质受力后产生的压电效应制成的传感器。压电效应通过压电材料将机械应力和振动转换成电信号。这种柔性压力传感器具有较高的灵敏度以及快速反应能力，可用于人体脉搏的跳动或声音的振动的检测，在柔性可穿戴式电子传感器件方面拥有良好的应用前景[9]。Joshi 等[10]提出了一种高灵敏压电薄膜传感器。这种传感器用于人体桡动脉脉搏测量，灵敏度可以达到 200mV/kPa，检测压力范围为 1.30kPa。Li 等[11]提出了(PVDF-TrFE)压电聚合物膜双模操作颅内压(ICP)传感器。这种传感器具有更高的线性度和更低的功耗，同时具有更好的灵敏度和更容易的适应性。因而，这种压电传感器在颅内压监测中具有广泛的应用前景。

4.3.3 电容传感器

电容式传感器是通过电容量的变化来反映被测的机械量信息，敏感单元通常为具有可变参数的电容器，电容式传感器平行板间的间距、正对面积、介电常数，任意参数的改变就会使得电容得以改变。这种传感器的优势在于对于外界的刺激反应敏感，并能在低能耗情况下检测微小的静态力[12]。Li等[13]报告了使用新型3D打印方法成功制造出具有高灵敏度触觉和电化学传感的可伸缩电容式传感器，在集成到电子表皮中具有显著的潜在应用。Lee等[14]提出一种低成本的柔性压力传感器，是由具有均匀分布的微孔的PDMS弹性体薄膜作为介电层。

4.3.4 其他传感机制

随着柔性可穿戴电子应变传感器的快速发展，摩擦电效应、光学效应等新型信号转换机制的传感器被提出。Cai等[15]根据摩擦电效应提出了一种超灵敏可穿戴柔性传感器。这种传感器通过自行向其传感部位供应能量，从而解决能量的消耗问题，推动了不需要外部供能的自驱动传感器向前发展。Ramuz等[16]根据光学效应开发出一种可伸缩性和延展性柔性光学压力传感。该传感器拥有高达0.2kPa的灵敏度，并且可以检测到低至30mg的压力，在电子皮肤和生理测量方面有潜在的应用。

4.4 柔性传感器的常用材料与制备方法

4.4.1 柔性基底

基底材料是柔性传感器很重要的影响因素。良好的机械性能以及光滑的表面都是柔性基底材料必须具备的。如聚二甲基硅氧烷(PDMS)、聚酰亚胺(PI)、聚对苯二甲酸乙二醇酯(PET)和聚氨酯(PU)等常被用作柔性可穿戴电子应变传感器的基底[17,18]。

PDMS是硅基聚合物，杨氏模量低，具有光学透明、化学性质稳定、耐水性、优异的电绝缘性能、耐腐蚀性强和成本低等优点。在高温下具有较好的稳定性和传导性，其柔韧性和可伸展性使传感器具有相应的可拉伸和压缩的性能[19]。由于PDMS具有简单的制备过程，易与电子材料相结合，且容易操作，这使PDMS成为了柔性可穿戴电子应变传感器的一种常用材料[20]。

PI作为有机高分子材料，具有良好的机械性能、绝缘性、抗腐蚀、稳定性和耐温性等优点。它良好的耐温性可以适应大范围的温度变化，耐温点可达到250℃，且可长期使用，无明显熔点。PI 薄膜还拥有良好的弯曲能力，抗张强度均在 100MPa 以上，即使在非常大的机械压力下，也不会产生物理损坏，使其成为可穿戴电子传感器的一种常用基底材料[21]。

此外，PET 和 PU 也是常用的柔性可穿戴电子应变传感器件的基底材料。例如，Li 等[22]通过制作多孔 PU 弹性基体，将聚吡咯分散在多孔聚氨酯基体内和表面，提出了聚吡咯/聚氨酯弹性体的可逆导电机理。一种新的可伸缩的导电聚吡咯/聚氨酯(PPy/PU)应变传感器被研发出来，将其运用于人体呼吸检测器，监视正常的人体呼吸状态。

4.4.2 碳纳米材料

柔性可穿戴电子应变传感器常用的碳材料有石墨烯和碳纳米管等。以石墨烯和碳纳米管为代表的纳米碳材料具有优异的导电性和稳定的化学性能，在柔性导电材料领域展现了良好的应用潜力。Wang 等[23]提出了三明治结构的柔性电子皮肤传感器，通过将单壁碳纳米管薄膜放置在两层柔性 PDMS 薄膜之间，实现了传感器的高稳定性和高灵敏度，在人体生理活动的信号监测方面有很好的应用前景。Nie 等[24]提出了嵌入式多壁碳纳米管网格的柔性透明应变传感器，显示高达 87%的高透光率和高灵敏度。在 2000 次拉伸/释放循环后，传感器没有明显的改变，在检测人体内的运动方面具有令人满意的结果。Bae 等[25]在柔性的弹性橡胶基体编造一个花环，通过反应离子刻蚀和冲压技术制成石墨烯透明应变传感器。在拉伸应变高达 7.1%的情况下研究了它们的压阻性能，并将其安在手指上来测量手指运动的幅度大小和方向。

4.4.3 金属材料

在柔性可穿戴电子应变传感器中，金属是主要的电极和导线材料。金属纳米颗粒和纳米线除了具有良好的导电性能外，还可以被用于制备感应材料[26]。例如，Park 等[27]通过静电纺丝技术，将银纳米颗粒覆盖到橡胶纤维上，使得在 100%拉力下，橡胶纤维的导电性达到~2200S/cm。Gong 等[28]提出了一种超薄金纳米线可穿戴式高灵敏度压力传感器。这种超薄金纳米线传感器能够检测到低于 13Pa 的压力和快速的响应时间(小于 17ms)，拥有较高的灵敏度(>1.14kPa)和高稳定性(>50000 装卸周期)。优越的传感特性和机械灵活性，使传感器用于实时监测人体血液脉冲。Shuai 等[29]提出了基于银纳米线嵌入式微阵列结构的高灵敏度柔性压力传感器。这种传感器具有高灵敏度、低检测限、短响应时间、优异的灵活性和长期循环稳定性的优势。这种高灵敏度柔性压力传感器在电子皮肤以及可穿戴医疗监护仪的应用中显示出潜力。

4.4.4 无机半导体材料

ZnO 和 ZnS 等无机半导体材料由于其压电特性，在柔性可穿戴电子应变传感器中有良好的应用前景[30]。Wang 等[31]开发了一种基于 ZnS 矩阵的柔性压力传感器。这种传感器响应时间小于 10ms，在数千个测试周期后具有高的稳定性和可重复性能，通过记录手写签名和签名者施加的压力，可用于更安全的签名收集。Xiao 等[32]提出了一种基于氧化锌纳米线/聚苯乙烯纳米纤维混合结构的高应变传感器。该新型应变传感器可承受高达 50%的应变，具有高耐久性、快速响应和高灵敏度，在快速的人体测量中表现出良好的性能。此外，该传感器可以由太阳能电池驱动，在户外传感器系统中具有潜在的应用前景。

4.4.5 功能复合材料

作为柔性可穿戴电子应变传感器件的活性材料，单纯纳米材料难以在宏观上集成有序的纳米规格阵列，因而，在实际的应用中，柔性可穿戴电子应变传感器的尺寸受到一定范围的限制。为了使柔性可穿戴电子应变传感器在较大的应变范围下拥有很好的导电性，通常将弹性体(PDMS、PU、PI、PET)与导电材料(石墨烯、碳纳米管、金纳米粒子、银纳米线等)相结合，使其成为一种复合型材料。

Boland 等[33]报道了一种简单的方法将液体剥落的石墨烯注入天然橡胶中以产生导电复合材料。这种导电复合材料制成的传感器具有高灵敏、高应变和快速响应能力。在超过 800%的应变下工作，传感器依然具有良好的稳定性。更重要的是，这种传感器可以有效地跟踪动态应变，在至少 160Hz 的振动频率下工作良好。在 60Hz 时，可以在应变率超过 6000%的情况下监测至少 6%的应变。因此，这种复合材料制作的身体运动传感器，可以有效地监测关节和肌肉运动以及呼吸和脉搏。Yao 等[34]通过将还原后的氧化石墨烯填充到聚氨酯海绵内里，制备出具有高灵敏度和快速响应的可穿戴电子应变传感器。Amjadi 等[35]提出了一种高度可伸缩的、敏感的银纳米线弹性体纳米复合材料的应变传感器。网络弹性体纳米复合材料的银纳米线应变传感器的灵敏度在 2~14 范围内，拉伸强度高达 70%，可将这种传感器应用于智能手套，用于实时运动检测和虚拟环境中化身的控制。

4.4.6 功能复合材料制备方法

柔性可穿戴电子应变传感器可以通过不同的方法制作，3D 打印技术、过滤方法、涂层技术、化学气相沉积法和印刷方法等是柔性可穿戴电子应变传感器的常用制作方法。哈佛大学的 Muth 等[36]用 3D 打印技术将特殊导电材料注入高分子弹性材料中，制作了拉伸率达到 400% 的应变式触觉传感器。Xu 等[37]通过使用过滤方法制作了一种高度可伸缩的、敏感的基于银纳米线弹性体纳米复合材料的应变传感器。Lee 等[38]描述了通过喷涂金属纳米颗粒在 PDMS 薄膜上，作为应变传感材料。制备的拉伸应变传感器具有高度敏感和持久的感测各种拉伸/压缩应变性能，长期循环荷载和松弛试验。Cai 等[39]提出了一种高度透明和可拉伸的应变传感器。通过化学气相沉积法合成透明碳纳米管浸透薄膜，薄膜的电导率和光学透明度通过成长参数控制。Woo 等[40]通过微接触印刷方式，将导电弹性体油墨(碳纳米管掺杂的聚二甲基硅氧烷)微图案化，提出了一种高弹性的电容式压力传感器阵列，当受到压力和拉伸应变时，传感器的电响应是高度线性的，可靠的和可逆的，其基于薄的全弹性平台，适用于整合到具有人体皮肤复杂曲率的表面上。这种传感器可以检测到不同类型的人体运动和不同突起图案产生的空间压力分布的装置。

4.5 柔性传感器的应用

4.5.1 健康监测

医疗健康和卫生保健正引起越来越多人的关注，其中血压、脉搏与呼吸率的检测和监控是身体健康指标的重要评估标准。因而，开发出具有高灵敏并能够记录人体健康信息的可穿戴式电子传感器尤为重要。现在，可穿戴技术由于具有易实现早期诊断和长期监测能力等优点，获得了很高的关注。血流脉搏和呼吸率等关键信号的长期监控对于个人健康监控和早期疾病诊断具有潜在的应用[41]。

4.5.2 运动监测

在现代社会中，随着社会的快速发展，人们越来越需要对人体活动进行实时监测。通过安装可穿戴电子应变传感器在人体的不同部位，传感器具有运动性能检测的功能[42]。同时还可以将可穿戴电子应变传感器安装在人体的膝盖上，不同的膝盖运动模式如步行、奔跑、跳跃和下蹲能够被监控。感知的信息能够用于体育运动中的身体移动分析。因此，通过安装可穿戴电子应变传感器在人体的不同部位，传感器能够实现运动性能检测的功能。

4.5.3 康复训练

随着可穿戴技术的快速发展，可穿戴式传感器可以用来实施家庭康复计划。实施康复锻炼计划的目标可以通过感测技术和虚拟现实环境的结合。例如，南加州大学康复工程研究中心通过虚拟现实游戏来帮助人体完成康复训练，高效率的训练，可根据患者的具体需要进行调整。同时也可以利用无线医疗监测系统，收集生理和运动数据，从而促进家庭环境中的康复干预。飞利浦研究团队开发了一个中风康复训练器。中风康复练习者通过一系列的运动再训练来训练患者，这些练习由物理治疗师规定并上传到患者家里。可穿戴电子应变传感器系统记录患者的运动，分析与个人运动目标的偏差的数据，并向患者和治疗师提供反馈。

4.5.4 人机接口

当前技术的主要目标是建立智能人机接口，人们能够通过可穿戴感知系统实现智能人机接口。柔性可穿戴电子应变传感器的信号能够被用于驱动智能机器人。例如，用可拉伸的、皮肤覆盖的和可穿戴电子应变传感器开发的各种智能手套。这些应变传感器被贴在手套的手指上用于手指弯曲角度的测量，手指的弯曲和伸直被用于控制机器人执行不同的任务，采用可穿戴应变传感器实现抓夹机器人的远距离控制。由于具有高应变敏感能力、低制作成本和操作简单等优点，可穿戴电子应变传感器开发的智能手套系统比基于光纤和金属应变测量仪的传统系统更有优势。柔性可穿戴电子应变传感器被应用于软机器人[43]。为提供输入信号到反馈控制器(如感知人工皮肤)，柔性可穿戴电子应变传感器允许软机器人感知环境和与环境目标交互。软机器人还可以通过智能手套系统远距离控制，并执行外科手术操作或一些人类无法完成的精细化和危险的工作。

4.6　三维碳纳米材料用于柔性传感器

纳米碳材料除了具有良好的导电导热性能、化学稳定性、润滑性等碳材料普遍具有的特性之外，还因为其有着纳米量级的尺度，导致纳米碳材料具有多种奇异的特性，展现出优异的光学、电学、热学、力学、机械学等物理化学性能以及广阔的发展前景。由于纳米碳材料本身的导电性、硬度、强度、弹性等性能，使得这种材料具备了作为应变传感器中传感介质的基本条件。所以，基于纳米碳材料的柔性应变传感器的相关研究成为当今应变传感器领域的研究热点。

4.6.1　基于三维碳纳米管的柔性传感器

碳纳米管(Carbon Nanotube，简写为 CNT)作为一维纳米材料，质量轻，其碳原子采用 sp^2 杂化键键合而成，形成独特的蜂窝状晶格结构，具有许多优异的机械、电学和化学性能，并且可单独使用或作为导电填料嵌入到柔性和可拉伸材料中用作应变传感材料。CNT 是用于开发柔性应变传感器的良好候选材料，为形成 CNT 的导电网络的能力提供了制造高弹性应变传感器的可能性。与传统传感器相比较，基于碳纳米管的应变传感器具有更优异的特性，例如高拉伸性、高反应速度、高重复性和高应变分辨率等。Yamada 等[44]通过化学气相沉积的方法制备了一种新型的可拉伸 CNT 应变传感器，由垂直排列且非常稀疏的 CNT 薄膜组成，并排放置在 PDMS 基板上。该 CNT 应变传感器具有大的可工作应变范围(应变高达 280%)，耐久性(在 150% 应变下重复 10000 次)和快的反应速度(14ms)的特点。这些特征允许 CNT 应变传感器被层压到衣服中，或直接佩戴在人体皮肤上来精确地检测人类运动，如颈动脉的跳动、呼吸、吞咽、发声、膝盖的弯曲以及手指的运动等。然而，其灵敏度(Gauge Factor，简称为 GF)非常低，在 0%至 40%的应变范围内灵敏度为 0.82，在 60%~200%的应变范围内灵敏度仅为 0.06。Lipomi 等[45]报道了喷涂碳纳米管在聚二甲基硅氧烷(PDMS)基底上的薄膜，其可以达到 150%的应变且具有良好的导电性。由于碳纳米管薄膜形成的导电通道连接性很好，所制备出来的传感器在受到较小的应力作用下，其灵敏度较低。

另外，用户在人体区域(例如面部、颈部和手部等)上接受应变传感器的一个重要特征是传感器的光学透明性，该性能使得传感器在日常活动期间不可见。因此，Roh 等[46]报道了一种透明、可拉伸、超灵敏并且 GF 可调的应变传感器，由单臂碳纳米管(SWCNT)和一种导电的弹性体(PEDOT：PSS/PUD)制成的新型堆叠纳米混合结构，其光学透明度为 63%，GF 为 62.3，拉伸性高于 100%，拥有较高的耐久性(在 20%应变下 1000 次循环)，可以检测到人体皮肤上由情绪或眼球运动引起的面部表情变化带来的肌肉的微小应变。

Yu 等[47]在硅片上生长出了超顺排的碳纳米管，然后将这些碳纳米管进行抽丝并固定在 PDMS 柔性基板上就形成了超顺排的碳纳米管薄膜，之后对碳纳米管薄膜进行封装就制成了应变传感器。这种应变传感器在垂直于碳纳米管顺排的方向上进行拉伸，通过顺排碳纳米管之间的接触变化进行传感。它的最大拉伸量可高达 400%，但是灵敏度系数仅为 0.1。它有着 98ms 的快速响应时间，并在超过 5000 次的循环拉伸测试后仍保持传感性能稳定。Foroughi 等[48]用旋转编织机将碳纳米管与一种弹性纤维进行混合编织，最后形成一种具有弹性的特定辫状编织结构。这种编织结构相对于自然状态下未经编织的碳纳米管薄膜有着更大的应变传感范围，最高可高达 1000%，但是它的灵敏度系数仅不到 1。这种应变传感器的稳定性很好，在进行超过 10000 次的循环测试后仍可以保持传感性能的稳定。Kim 等[49]用微纺丝技术将碳纳米管纺织成线，然后将碳纳米管纺线转移到 PDMS 柔性基板表面直接固定，使纺线平行排列。然后再用一片同样表面固定有碳纳米管纺线的 PDMS 柔性基板与之堆叠在一起，中间用 Eeoflex 这种柔性介质将两层 PDMS 黏合在一起，就制成了压力传感器。这种压力传感器最大可以探测 25kPa 的压强，对于小至 0.4Pa 的压强也可以分辨，有着 63ms 的快速响应时间，在超过 2000 次的循环压缩测试后的传感性能依然稳定。

对于基于碳纳米管的应变传感器来说，除了具备一维纳米线所具有的极大的长径比带来的高柔性之外，大量碳纳米管很容易交织在一起形成网络状结构，它极其优越的力学性能使其具有极高的强度与极大的韧性，这种特性反映在应变传感器上就得到了优异的循环稳定性以及抗疲劳性。再加之碳纳米管可以与多种纳米材料进行结合形成复合结构的碳纳米管，同时还可以被编织成各种不同的结构，因此碳纳米管基应变传感器的性能指标也各有不同，其灵敏度一般在数千之内。

4.6.2 基于三维石墨烯的柔性传感器

随着2004年石墨烯被发现并报道开始，这种典型的二维纳米材料就成为各种科研领域的研究热点。石墨烯只有一个原子的厚度，并且具有零带隙的特征，是当今世界上最薄的二维纳米材料，同时它也是其他碳材料的基本构造单元。石墨烯本身具有独特的二维平面结构，使其具备了十分优异的物理和化学性能。石墨烯具有很高的机械强度，大约比金刚石大10倍，它的杨氏模量可以达到1.3TPa，这使得石墨烯具有更强的机械稳定性。基于石墨烯优异的电学性能和机械性能，它已经成为一种很好的应变传感材料并应用于应变传感器之中。

(1) 基于机械剥离或CVD单层、少数层平面结构石墨烯

石墨烯应变传感器件研究的早期主要集中在本征石墨烯的物性上。对于机械剥离的石墨烯，2008年Lee[50]和Hone[51]等分别通过实验和理论发现石墨烯晶格可以承受25%面内应变而不破坏，证明了石墨烯超高的强度。2011年Huang[52]等首先用纳米压痕法研究了机械剥离石墨烯的应变-电阻效应，他们的研究表明，当石墨烯被拉伸时，其相对电阻变化$\Delta R/R$与应变在一定范围内有接近线性的关系，在应变0~3.0%之间时，相对电阻变化为0~5.9%，灵敏度GF约为2.0。随后，Wang[53]等将从高定向热解石墨(HOPG)上用机械剥离法剥离的多层石墨烯片先转移到Si/SiO_2上，并利用激光刻蚀技术，加工出宽为1.5μm、长为22.8μm的石墨烯条带，再将石墨烯条带转移到预应变的PDMS柔性基底表面，借助于石墨烯及PDMS基底的泊松效应差异，将平面状的石墨烯诱导成了波纹状的结构，并基于这一波纹状结构的石墨烯制备

了一种应变传感器件。在对 PDMS 基底加以 20%预应变条件下制备的器件进行拉伸测试时，在应变从 0%加载到 20%的过程中，电阻与应变成近似线性的关系，电阻由 5.9kΩ 变为 3.6kΩ，GF 大约为-2。GF 为负值的原因他们认为是随着应变的逐渐增加，石墨烯波纹的平坦度逐渐变大，减小了对电子的散射。

机械剥离法制备的石墨烯有着接近本征石墨烯的优良机电性能，但受到该方法制备的石墨烯大小及层数均匀性的限制，有关机械剥离石墨烯在器件应用层面上并没有引起太大的关注。在以 CVD 原理制备石墨烯的方法被发展出来后，石墨烯的大小、图案化、机电性能都能实现较好的调控，为进一步拓展结构更复杂、功能更全面的先进石墨烯应变传感器打下了基础。2009 年，Kim[54]等将 CVD 制备的厘米级的单层平面结构石墨烯转移到柔性基底上，发现在以曲率半径为 2.3mm 弯曲变形时，石墨烯片会产生很小的电阻变化，在更小曲率半径下弯折时电阻则会有数千欧的变化。随后，Bae[55]等将厚度约为 10 层的 CVD 平面结构石墨烯片转移至 PDMS 柔性基底表面，在对其拉伸到 7%过程中，灵敏度在不同应变下会有两个线性阶段：应变 0~1.8%时，灵敏度 GF≈2.4；应变 1.8%~7%时，灵敏度 GF≈4~14。他们又将其加工成了毫米级的玫瑰花形状的类似应变计的器件[56]，该器件在 0~1.5%的应变范围内有明显的电阻变化，并可以检测到 0.08%的较小应变。基于器件的柔韧性，他们将器件粘贴在手套上，制作了一款简易的可穿戴设备并成功用于监测人体手关节弯曲运动。

受到电子信息领域柔性透明电极如柔性触摸屏、显示屏等的吸引，基于 CVD 法制备的石墨烯在压力传感器领域也是受到关注。韩国的 Sun[57]等将远程等离子体增强化学气相沉积(r-PECVD)法制备的单层石墨烯转移到 PDMS 表面，并将整个结构覆盖于带微小凹槽的 SiO_2表面，制备了一个压力放大器，器件的压力检测范围成功覆盖了人体皮肤所能感知的压力范围，在 10kPa 的压力下，器件的相对电阻变化大约为 17%±7%，灵敏度 GF≈1.6，在 550nm 波长的自然光下其透明度高达 87.7%。

总的来说，直接以机械剥离或 CVD 法制备的平整石墨烯层构建的应变传感器，具有透明、柔软且易于图案化的优点，其灵敏度的来源主要依赖于石墨烯的结构变形或本征缺陷，电阻-应变响应及灵敏度都与金属、合金相似，灵敏度还是较低，应变检测范围也有限(普遍<10%)。

(2) 基于氧化还原石墨烯碎片的膜材料

氧化还原石墨烯(rGO)的制备过程一般是先用强氧化剂将石墨氧化成氧化石墨，然后再通过外力的作用(如超声波处理)使形成单层或多层氧化石墨烯，再用强还原剂将氧化石墨烯还原成石墨烯[58]。其特殊的制备方法一方面决定了所制备的石墨烯都是石墨烯碎片，不能像CVD石墨烯那样形成完整的薄膜；但是另一方面，rGO不需要CVD法制备的石墨烯那样经过复杂的转移才能使用，且由于在制备过程中会在石墨烯表面引入大量的官能团，结合其碎片化的结构特点，这使得rGO可以被分散在各种溶液中，再进一步借助旋涂、喷涂、印刷等技术，很容易在目标基底的表面构筑出基于rGO碎片堆积而成的薄膜结构。这种薄膜结构在应变作用下会产生大量微纳尺度的裂纹或者使邻近的rGO碎片产生接触面积的改变，从而导致比较明显的电阻-应变响应。这种技术在石墨烯应变传感器的制备中被广泛应用。

Dan[59]等报道了一种基于rGO的石墨烯应变传感器。他们的做法是先将氧化石墨烯GO分散在溶液中，再旋涂于PDMS表面，然后借助激光技术对PDMS表面的GO石墨烯薄膜一步还原为rGO形态的薄膜。由于薄膜由大量的石墨烯碎片堆叠而成，而PDMS对石墨烯碎片提供了一个有效支撑并锁住了石墨烯碎片，使得传感器在承受应变及电阻响应上起到了一个平衡的作用。这种传感器的最高灵敏度GF高达402.3，传感器可以用于采集诸如人体脉搏、指压及关节弯曲等人体生理活动。M. Bulut[60]等借助楼板印刷术，用类似的方法制备了一种基于rGO的石墨烯应变传感器。他们先将0.25mg/mL的GO碎片分散在溶液中，再借助聚丙烯酸酯水凝胶并析出多余的水分，将溶液浓缩至35mg mL^{-1}的液晶形态，之后将浓缩的GO溶液刮涂于事先制备好的放置于PDMS柔性基底表面的乙烯基胶带的模板中，最后再将GO还原为rGO，用一种类似漏板印刷的方法制备了一种基于rGO薄膜的石墨烯应变传感器。这种传感器的应变检测极限达到了0.025%，灵敏度GF约为261.2，但量程仅为2%。

除了这类平面结构的器件外，也有大量科研工作者提出了图案化的设计思路。清华大学石高全教授课题组的Liu[61]等借助rGO薄膜与柔性基底的泊松效应，提出了一种使rGO碎片呈鱼鳞状层状有序堆积薄膜的柔性应变传感器。该传感器具有较好的综合性能。他们的做法是先在3M胶带表明喷涂一层rGO薄膜，并向rGO薄膜施加一个50%的预应变，出现裂纹后紧接着向预应变50%的rGO薄膜表面再喷涂一层rGO薄膜，并将薄膜拉伸到100%的应变。由于石墨烯和基底的泊松效应差异，两层rGO薄膜裂纹之间形成错位的裂纹，待应变缓慢释放到正常状态，这样就形成了呈鱼鳞状堆叠的rGO薄膜。他们的研究表明，这种鱼鳞状堆叠石墨烯片在变形时会产生较大的接触电阻变化，使传感器有着较好的综合性能，传感器可以耐受超过80%的拉伸应变而保持电路联通，且在应变小于60%时，相对电阻变化与拉伸应变有较好的线性关系，最高灵敏度GF超过150，在10%拉伸应变下循环5000次后性能依然稳定。这种传感器可以用于检测人体脉搏、人体发声及肢节弯曲等。

Bowen等[62]借助光刻及湿腐蚀技术发展了一种通过预先制备图案化模板来构筑图案化rGO薄膜压力传感器的方法。他们的做法是先借助光刻及湿腐蚀技术在硅片上制备好规则的数微米大小的倒金字塔形的凹坑，再将未固化前的PDMS溶液均匀地覆盖在硅模板的表面，固化后将PDMS从硅模板上撕取下来，让PDMS完全复制硅模板的微观结构，并利用逐层组装技术，在图案化后的PDMS模板表面上覆盖一层GO薄膜并将薄膜还原为rGO形态，最后将整个PDMS模板倒扣在喷涂有ITO导电薄膜的PET上，使模板上金字塔的塔尖与ITO/PET接触，并分别以PDMS模板上的rGO及PET上的ITO为两个独立电极，组装成一个类似于三明治结构的压力传感器。该压力传感器件借助于不同大小压力诱导下导致的图案化PDMS微结构变形程度的不同，从而导致rGO与ITO的接触面积变化引起的接触电阻变化，使该器件有较好的压力响应。该器件的响应时间达到了0.2ms，在压力小于100Pa的小压力范围内，灵敏度GF约为-5.53kPa^{-1}；当压力大于100Pa时，金字塔微结构的变形趋于饱和，接触电阻也趋于饱和，灵敏度迅速降低到-0.1kPa^{-1}。

基于rGO碎片薄膜结构的应变传感器件具有器件构筑方法简单、容易实现图案化且不需要CVD石墨烯那样经过转移等优点，而性能的好坏与器件的构筑方法有很大的关系。其缺点是牺牲了石墨烯的透明度，且其碎片化的结构也很难制备出完整的薄膜。

(3) 基于石墨烯碎片堆积的二维石墨烯网络结构

2011年清华大学Prof. Zhu课题组的Li等[63,64]研究发现，在十字交叠铜网上以 CVD 法生长的石墨烯在使用无支撑层转移后会坍塌成由大量石墨烯片堆积而成的二维网状结构 GWFs(Graphene Woven Fabrics)，由于这种网络结构的石墨烯在转移过程中会使石墨烯表面形成大量的微裂纹，基于这种石墨烯网络的应变传感器在应变下会产生很明显的应变-电阻响应。他们对该器件的性能、应用、机理进行了系统的研究。研究表明，这种应变传感器在微小的变形下就有较大的电阻变化：在应变 0.2%时，灵敏度约为 35；应变 2%时，灵敏度约为 500；应变 8%，灵敏度高达 10^4 量级，传感器的有效应变测量范围约为 10%。基于该传感器在小应变下表现出的超高灵敏度，该传感器可以用于识别人体脉搏、人体发声、脸部表情变化等[65]，可以作为振动式的声音收集器和语音识别器件[66]，可以加工为阵列式的电子皮肤[67]及应用于触摸传感器[68]等可穿戴电子及人体生理医疗健康监测领域。此外，还可以将该器件运用于扭矩测量[69]、液体压力及流速测量[70]等。

(4) 基于三维石墨烯泡沫和蜂窝状石墨烯网络结构

利用泡沫镍、泡沫铜等三维泡沫金属骨架为模板，可以轻易地用 CVD 法制备出三维多孔结构的泡沫石墨烯。这种结构的石墨烯有着超高的孔隙率、超轻的质量及超高的电导率，其结构本身容易破碎损伤，但在与其他聚合物复合后能显示出很好的机电耦合性能，普遍能承受 15%以上的拉伸应变而不会引起应变传感器件电路的失效。其特殊的三维结构不仅对拉应力有响应，对压应力也有较好的响应。

2011 年中国沈阳金属研究所的 Chen[71]小组首次以三维泡沫镍为模板，采用 CVD 法制备了高质量三维泡沫结构的石墨烯(Graphene foam)。这种结构石墨烯具有超轻(密度约为 5mg/cm^3，与气凝胶相当)、高孔隙率(孔隙率约为 99.7%)及大比表面积(质量比表面积约为 850m^2/g)等特点。随后他们将其与 PDMS 复合后制备了一种将三维泡沫石墨烯全包埋于 PDMS 内部的柔性应变传感器。该器件显示出了超高的导电性(石墨烯在复合结构内含量为 0.5%(质量)时电导率高达约 10S/cm)、良好抗拉伸性能(能承受 95%的应变而保持电路联通)和极强的稳定性(在 2.5mm 曲率半径下弯折超过 10000 次而器件保持稳定)，然而该器件的灵敏度仅约为 2.2。但是由于该复合结构带来的超高稳定性及导电性能，还是有大量的科研工作者在从事三维泡沫石墨烯基柔性应变传感领域的研究工作。2014 年南京大学的 Xu 等[72]在这一基础上，直接将泡沫镍上生长的三维泡沫石墨烯采用无支撑层转移法在去除镍骨架之后浸入未固化的 PDMS 内，制备了另一种基于 Graphene/PDMS 复合材料的应变/压力传感器。该器件能承受最大的应变为 16%，灵敏度 GF 约为 6.24。2016 年清华大学 Ren 小组[73]则反其道而行之，先将 CVD 法生长于泡沫镍的石墨烯与镍骨架一起先浸入未固化的 PDMS 内，待 PDMS 固化后再剪开部分 PDMS 以暴露被 PDMS 包裹的镍骨架，之后用刻蚀溶液将镍骨架去除，最后以该结构制备应变传感器。该器件能承受的最高应变为 40%，灵敏度随应变分阶段分布，在应变 0~18%时，GF 约为 2.6；应变 18%~40%时，GF 约为 8.5。

除了直接以完整的 CVD 三维泡沫石墨烯网络构筑应变传感器以外，2015 年韩国的 Jeong 等[74]先将 CVD 生长于泡沫镍骨架的石墨烯连同镍骨架一起揉碎为 200~300μm 的石墨烯/镍骨架碎片，再将镍骨架去除得到分散于溶液内的石墨烯碎片，最后将石墨烯碎片溶液喷涂于 PDMS 表面并重新向石墨烯碎片薄膜渗入 PDMS，制备了一种基于三维泡沫石墨烯碎片的应变传感器。该器件有较好的综合性能，器件能检测的最低应变为 0.08%，能承受的最高应变为 77%，在应变 50%下循环 10000 次后器件依然稳定，器件的灵敏度 GF 在 15~29 之间。器件可以用于对人体脉搏、肢节弯曲等进行实时监测。

基于氧化还原石墨烯碎片化及易于分散于溶液的特点，哈利法大学的 Yarjan 等[75]提出了一种基于 rGO 碎片构筑泡沫多孔三维石墨烯网络应变传感器的方法。他们的做法是直接将三维泡沫镍骨架浸入 GO 溶液中，借助真空抽滤技术在镍骨架表面沾染上了一层大约 40nm 厚的 GO 后，再将 GO 还原为 rGO，用盐酸将镍骨架去除后再向三维 rGO 石墨烯泡沫中渗入 PDMS，制备了与 CVD 泡沫石墨烯类似的应变传感器件。器件对拉应力和压应力都有响应，器件的电阻变化与应变/压力成近线性关系，在 30%的压缩应变下器件的相对电阻变化约为 120%，而在 1300kPa 的极限压力下，相对电阻变化高达 80000%，可以检测诸如人体脉搏等微小变形。

借助冷冻干燥或者低温处理等方法很容易将氧化石墨烯处理成蜂窝状或多孔状的结构，这是另一种结构的三维石墨烯结构。Li 等[76]先将氧化还原石墨烯制备为水凝胶再借助冷冻干燥技术，制备了一种密度为 4.5mg/cm^3、孔隙率高达 99.8%的泡沫结构，将 PDMS 渗入到 rGO 泡沫中后构筑了应变传感器，该器件的有效拉伸应变约为20%，在应变5%时，灵敏度约为98.66。在单纯使用冷冻干燥技术的基础上，2013年中国国家纳米中心的Kuang等[77]先将氧化石墨烯用低温处理，再借助冷冻干燥技术制备了一种由超薄石墨烯片堆叠呈蜂窝状结构的三维石墨烯网络，并研究了该结构在还原为rGO后的应变传感性能，他们的研究表明，该器件在60%的应变范围内电阻变化与应变有较好的线性关系，但电阻变化并不明显，在60%时应变时，器件的相对电阻变化约为80%左右。2016年澳大利亚RMIT大学的Wu[78]等在这一研究的基础上，更系统的研究发现蜂窝单胞的大小及壁厚会随着GO溶液浓度不同、冷冻处理温度不同而发生改变，而传感器的性能是受单胞的大小及壁厚综合效应控制的。他们研究发现，在相同的冷冻温度下，随着GO浓度的增加，单胞尺寸减小、壁厚增加，灵敏度逐渐减小；而在相同GO浓度下，随着冷冻温度的降低，单胞尺寸减小、壁厚减小，灵敏度先增加后减小，在GO浓度为3.66mg/mL、冷冻温度为-50℃时，灵敏度达到60.1的极大值。

总的来说，基于CVD三维石墨烯泡沫网络或者低温处理蜂窝状结构rGO石墨烯的应变传感器件其优点是具有较好的抗应变性能，能普遍承受15%以上的应变，基于其三维结构的特点可以同时实现拉/压应变的检测，这也是其他方法所不具备的；而其缺点是牺牲了石墨烯的透明度，且三维结构的特点也不易于图案化。

基于石墨烯独特的二维结构及优异的机电性能，将碎片化的石墨烯掺入环氧树脂、PDMS、聚氨酯(TPU)等聚合物内可以很容易地制备为导电聚合物。这类结构也具有明显的电阻-应变响应，且其制备方法简单，有关这方面的研究也一直是研究热点。

2010年韩国的Kim等[79]率先开展了关于石墨烯导电聚合物应变传感相关的研究，他们先将一定量的石墨烯片借助超声高速搅拌器分散于环氧树脂中，并将其连同环氧树脂一起固化后制备为电阻率大约为487.3Ω/m的导电聚合物后直接用于应变的测量。他们的研究表明，在石墨烯质量添加量为3%(质量)时石墨烯/环氧树脂导电聚合物在-0.1%~0.1%应变范围内电阻响应与施加应变呈线性关系，灵敏度GF约为11.4。国内郑州大学的Liu等[80]研究了不同添加量对器件灵敏度的影响，他们将石墨烯碎片和TPU复合后发现，该器件的石墨烯添加门槛值仅为0.1%(质量)，随着石墨烯质量分数的增加，电导率增加、灵敏度先增加后减小，在石墨烯添加量为0.2%(质量)时灵敏度有一个17.7的极大值，在添加量为0.6%(质量)时，灵敏度衰减到了0.78。最近都柏林三一学院的Boland等[81]在石墨烯导电聚合物柔性应变传感领域取得进展，相关的工作被发表在《科学》杂志上。他们将液相剥离的200~800nm大小的石墨烯粉末分散在黏弹性硅酮聚合物内形成导电聚合物后直接以其构筑应变传感器件。这种聚合物本身是黏弹性且不导电的物体，机械性能较差，但他们研究发现当石墨烯加入后会显著地改善其机械性能，且该导电聚合物对应变异常敏感，在石墨烯含量为6.8%(体积)时，传感器灵敏度GF高达535。传感器可以用于准确采集人体的脉搏、血压、呼吸等生理信号，甚至可以检测1cm大小的蜘蛛在上面移动时的脚步振动，结合其黏弹性易于贴合于皮肤的特点，在医疗诊断、仿生皮肤等领域有巨大的应用前景。

4.6.3 基于三维多孔碳的柔性应变传感器

生物质材料具有来源广泛、成本低廉、可再生、环境友好及生物相容性等优点，日益受到人们的重视。研究发现，生物质碳材料可用作应变传感器的压力敏感材料。基于生物质碳材料制备的柔性压阻复合材料对于外载荷有很高的灵敏性，和传输、分析装置连接制作成的传感器在拉伸、扭转、弯曲等载荷作用下仍然具有良好的性能，在医疗健康等领域应用广泛。

生物质材料，特别是富含高纤维素的材料，已经被用来制备应变传感器。基于生物质碳材料的柔性压阻复合材料是由生物质碳材料与柔性高分子(如硅橡胶)复合而得到的。由于生物质碳材料具有三维导电网络结构，使其具有良好的压阻效应，在拉伸、压缩、弯扭等复杂受载荷作用下仍具有良好的响应特性。利用高温碳化棉花制备出了碳棉，碳棉与PDMS所制备的复合材料具有优异的压阻特性与很好的柔韧性，复合材料的压力敏感系数高达6kPa^{-1}[82]。清华大学张莹莹课题组首次提出具有多级结构的生物质碳基压阻材料，可用于制备低成本的柔性应变传感器[83]。具体是以桑蚕丝为原料，通过高温热处理，将其转化为柔韧、高导电的碳化丝绸，将碳化丝绸与硅树脂封装可得到柔性压阻复合材料。所制备的复合材料具有应变敏感度高(应变灵敏系数最高可达37.5)、应变监测范围大(>500%)、响应速度快(70ms)以及稳定性高(10000次循环加载实验无明显性能下降)。基于该复合材料的应变传感器可以直接贴覆与人体皮肤或者衣物，实现人体全尺度运动的可穿戴检测。由此可见，之前报道的选用生物质材料作为导电材料的应变传感器都有一个共同点，它们都利用了生物质材料本身的相互联通的网络结构转化为导电网络。它们提供了一条有效的路径来抑制填充材料在制备过程中的团聚，从而提高了应变传感器的循环稳定性。但是，这种制备方法限制了通过后续处理提高/优化感应性能，这是由于它们的感应性能和工作机理是基于生物质原材料的原始结构。

将麦麸作为原材料，通过碳化、活化和多级过滤获得了尺寸均一的三维多孔碳纳米片材料。利用尺寸均一的三维多孔碳纳米片作为基本单元，采用滴落-涂布法，对其进行均匀的导电网络的组装以制备一种有高拉伸率和优异循环稳定性的应变传感器[84]。不同于之前报道的应变传感器利用生物质原始的微观形态直接用作导电网络，通过组装麦麸碳化活化得到的三维多孔碳纳米片获得了在大应变下具有优异的循环稳定性的拉伸应变传感器。此工作重点在于获得尺寸高度均匀的三维多孔碳纳米片，从而得到均匀分布的导电网络。在拉伸状态下，每个三维多孔碳纳米片尽可能均匀地分担局部形变和减小应力集中。这种结构设计赋予了应变传感器极其优异的循环稳定性，在80%大拉伸应变下，表现出10000次循环稳定性。此外，高灵敏度(灵敏度因子约62.8)和频率稳定性(0.01~1Hz)使应变传感器能够实时监测不同频率和幅度的大变形运动。

参考文献

[1] Alamusi., Hu N., Fukunaga H., Atobe S., Liu Y.l., LiJ.H. Piezoresistive Strain Sensors Made from Carbon Nanotubes Based Polymer Nanocomposites [J]. Sensors, 2011, 11: 10691-10723.

[2] Pan C.F., Dong L., Zhu G., Niu S.M., YU R.M., Yang Q., Liu Y., Wang Z.L. High-resolution electroluminescent imaging of pressure distribution using a piezoelectric nanowire LED array[J]. Nature Photonics, 2013, 7: 752-758.

[3] Zhong J.W., Zhang Y., Zhong Q.Z., Hu Q.Y., Hu B., Wang Z.L., Zhou J. ation [J]. Acs Nano, 2014, 8: 6273.

[4] Hwang B.U., Lee J.H., Trung T.Q., Roh E., Kim D.L., Kim S.W., Lee N.E. Transparent Stretchable Self - Powered Patchable Sensor Platform with Ultrasensitive

Recognition of Human Activities[J]. Acs Nano, 2015, 9: 8801-10.

[5] Marc R., Benjamin C. K., jeffrey B. H., Bao Z. N. Transparent, optical, pressure-sensitive artificial skin for large-area stretchable electronics. [J]. Advanced Materials, 2012, 24: 3223-3227.

[6] Chong C. L., Shim M. B., Lee B. S., Ko S. J., Kang T. H., Bae J., Lee S. H., Byun K. E., Im J. Highly Stretchable Resistive Pressure Sensors Using a Conductive Elastomeric Composite on a Micropyramid Array[J]. Advanced Materials, 2014, 26: 345 1-8.

[7] Han C. J., Chiang H. P., Cheng Y. C., Using Micro · Molding and Stamping to Fabricate Conductive Polydimethylsiloxane - Based Flexible High - Sensitivity Strain Gauges [J]. Sensors, 2018, 18.

[8] Wang X., Yang C., Xiong Z., Cui Z., Zhang T. Silk-Molded Flexible, Ultrasensitive and Highly Stable Electronic Skin for Monitoring Human Physiological Signals[J]. Advanced Materials, 2014, 2: 1336-1342.

[9] 蔡依晨，黄维，董晓臣. 可穿戴式柔性电子应变传感器[J]. 科学通报，2017: 635-649.

[10] Joshi A. B., Kalange A. E., Bodas D., Gangal S. A. Simulations of piezoelectric pressure sensor for radial artery pulse measurement[J]. Materials Science&Engineering B. 2010, 168: 250-253.

[11] Li C., Wu P. M., Shutter L. A., narayan R. K. Dual—mode operation of flexible piezoelectric polymer diaphragm for intracranial pressure measurement[J], Applied Physics Letters, 2010, 96: 240.

[12] Frutiger A., Muth J. T., Vogt D. M., Mengu Y. I. Capacitive Soft Strain Sensors via Multicore-Shell Fiber Printing. [J]. Advanced Materials, 2015, 27: 2440-2446.

[13] Li K., Wei H., Liu W., Meng H., Zhang P., Yan C. 3D Printed Stretchable Capacitive Sensors for Highly Sensitive Tactile and Electrochemical Sensing [J]. Nanotechnology, 2018.

[14] Lee B. Y., Kim J., Kim H., Kim C., Lee S. D. Low-cost flexible pressure sensor based on dielectric elastomer film with micro-pores[J]. Sensors&Actuators A Physical, 2016, 240: 103-109.

[15] Cai F., Yi C. R., Liu S. C., Wang Y., Cheng L., Xiao Q. Ultrasensitive, passive and wearable sensors for monitoring human muscle motion and physiological signals [J]. Biosensors& Bioelectronics, 2016, 77: 907-913.

[16] Chen L. Y., Tee C. K., Chortos A. L., Schwartz G., Tse V., Lipomi D. J., Wong

Hsp. , Mcconnell MV. , Bao Z. Continuous wireless pressure monitoring and mapping with ultra-small passive sensors for health monitoring and critical care[J]. Nature Communications, 2014, 5: 5028.

[17] Kaltenbrunner M. , Sekitani T. , Reeder J. , Yokota T. , Kuribara K. , Tokuhara T. , Drack M. , Schwodiauer R. , Graz I. , Simona B. G. , Bauer S. , Someya T. An ultra-lightweight design for imperceptible plastic electronics. [J]. Nature, 2013, 499: 458-463.

[18] Wagner S. , Bauer S. Materials for stretchable electronics[J]. Mrs Bulletin, 2012, 37: 207-217.

[19] Sekitani T. , Someya T. Stretchable, Large-area Organic Electronics[J]. Advanced Materials, 2010, 22: 2228-2246.

[20] Sekitani T. , Noguchi Y. , Hata K. , Fukushima T. , Aida T. , Someya T. A Rubberlike Stretchable Active Matrix Using Elastic Conductors[J]. Science, 2008, 321: 1468-1472.

[21] Moon H. , Seong H. , Shin W. C. , Park W. T. , Mincheol. Synthesis of ultrathin polymer insulating layers by initiated chemical vapour deposition for low-power soft electronics. [J]. Nature Materials, 2015, 14: 628.

[22] Li M. F. , Li H, Y. , Zhong W. B. , Zhao Q. H. , Wang D. Stretchable conductive polypyrrole/polynrethane (PPy/PU) strain sensor with netlike microcracks for human breath detection. [J]. Acs Applied Materials&Interfaces, 2014, 6: 1313.

[23] Tuba Y. , Robert F. , Yang H. Detecting Vital Signs with Wearable Wireless Sensors[J]. Sensors, 2010, 10: 10837-10862.

[24] Nie B. , Li X. , Shao J. , Li X. , Tian H. , Wang D. , Zhang Q. , Lu B. Flexible and Transparent Strain Sensors with Embedded Multiwalled-Carbon-Nanotubes Meshes[J]. Acs Appl Mater Interfaces, 2017, 9.

[25] Bae S. H. , Lee Y. , Sharma B. K. , Lee H. J. , Kim J. H. , Ahn J. H. Graphene-based transparent strain sensor[J]. Carbon, 2013, 51: 236-242.

[26] Jiang J. , Bao B. , Li M. , Sun J. Z. , Zhang C. , Li Y. , Li F. , Yao X. , Song Y. L. Fabrication of Transparent Multilayer Circuits by Inkjet Printing[J]. Advanced Materials, 2016, 28: 1420-1426.

[27] Park M. , Im J. , Shin M. , Min Y. , Park J. , Cho H. , Park S. , Shim M. B. , Jeon S. , Chung D. Y. , Bae J. , Park J. , Jeong U. , Kim K. Highly stretchable electric circuits from a composite material of silver nanoparticles and elastomeric fibres[J]. Nature Nanotechnology, 2012, 7: 803-809.

[28] Gong S. , Schwalb W. , Wang Y. A wearable and highly sensitive pressure sensor with ultra-thin gold nanowires[J]. Nature Communications, 2013, 5: 31-32.

[29] Shuai X. , Zhu P. , Zeng W. , Hu Y. , Liang X. , Zhang Y. , Sun R. , Wong Cp. Highly Sensitive Flexible Pressure Sensor Based on Silver Nanowires - Embedded Polydimethylsiloxane Electrode with Microarray Structure. ACS Appl. Mater. Interfaces 2017, 9: 26314-26324.

[30] Li R. Z. , Hu A. , Zhang T. , Oakes K. D. Direct writing on paper of foldable capacitive touch pads with silver nanowire inks [J]. Acs Applied Materials&Interfaces, 2014, 6: 21721.

[31] Wang X. D. , Zhang H. L. , Yu R. M. , Dong L. , Peng D. F. , Zhang A. H. , Zhang Y. , Liu H. , Pan C. F. , Wang Z. L. Dynamic Pressure Mapping of Personalized Handwriting by a Flexible Sensor Matrix Based on the Mechanoluminescence Process[J]. Advanced Materials, 2015, 27: 2324.

[32] Xiao X. , Yuan L. Y. , Zhong J. W. , Ding T. P. , Liu Y. , Cai Z. X. , Rong Y. G. , HanH. W. , Zhou J. , Wang Z. L. High—strain sensors based on ZnO nanowire/polystyrene hybridized flexible films[J]. Advanced Materials, 2011, 23: 5440.

[33] Boland C. S. , Khan U. , Backes C. , O' Neill A. , Coleman J. N. Sensitive, High-Strain, High-Rate Bodily Motion Sensors Based on Graphene—Rubber Composites[J]. Acs Nano, 2014, 8: 8819.

[34] Yao H. B. , Ge J. , Wang C. F. , Wang X. , Hu W. , Zheng Z. J. , Ni Y. , Yu S. H. A flexible and highly pressure-sensitive graphene-polyurethane sponge based on fractured microstructure design, Advanced Materials, 2013, 25: 6692-6698.

[35] Amjadi M. , Pichitpajongkit A. , Lee S. , Ryu S. , Park I. Highly stretchable and sensitive strain sensor based on silver nanowire-elastomer nanocomposite [J]. Acs Nano, 2014, 8: 5154.

[36] Muth J. T. , Vogt D. M. , Truby R. L. , Menguc Y. , Kolesky D. B. , Wood R. J. , Lewis J. A. Embedded 3D Printing of Strain Sensors within Highly Stretchable Elastomers[J]. Advanced Materials, 2014, 26: 6307-6312.

[37] Xu F. , Zhu Y. , Highly Conductive and Stretchable Silver Nanowire Conductors[J]. Advanced Materials, 2012, 24: 5117-5122.

[38] Lee J. , Kim S. , Lee J. , Yang D. , ParkB. C. , Ryu S. , Park I. A stretchable strain sensor based on a metal nanoparticle thin film for human motion detection [J]. Nanoscale, 2014, 6: 11932-11939.

[39] Cai L. , Song L. , Luan P. S. , Zhang Q. , Zhang N. , Gao Q. Q. , Zhao D. , Zhao D. , Zhang X. , Tu M. , Yang F. , Zhou W. B. , Fan Q. X. , Luo J. , Zhou W. Y. , Ajayan P. M. , Xie S. S. Super - stretchable, Transparent Carbon Nanotube—Based Capacitive Strain Sensors for Human Motion Detection[J]. Scientific Reports, 2013, 3: 3048.

[40] Woo S. J. , Kong J. H. , Kim D. G. , Kim J. M. A thin all-elastomeric capacitive pressure sensor array based on micro-contact printed elastic conductors[J]. Journal of Materials Chemistry C, 2014, 2: 4415-4422.

[41] Pang C. , Lee G. Y. , Kim T. I. , Sang M. K. , Hong N. K. , Ann S. H. , Sun K. Y. A flexible and highly sensitive strain—gauge sensor using reversible interlocking of nanofibres [J]. Nature Materials, 2012, 11(9): 795.

[42] Wang Y. , Wang L. , Yang T. T. , Li X. , Zang X. B. Wearable and Highly Sensitive Graphene Strain Sensors for Human Motion Monitoring[J]. Advanced Functional Materials, 2014, 24: 4666—4670.

[43] Gong S. , Lai D. T. , Wang Y. , Yap L. W. , Si K. J. , Shi. Q. Q. , Jason N. N. , Sridhar T. , Uddin H. , Cheng W. L. Tattoolike Polyaniline Microparticle—Doped Gold Nanowire Patches as Highly Durable Wearable Sensors[J]. Acs Applied Materials &Interfaces, 2015, 7: 19700.

[44] Yamada T. , Hayamizu Y. , Yamamoto Y. , Yomogida Y. , Najafabadi A. L. , Futaba D. N. , Hata K. A Stretchable Carbon Nanotube Strain Sensor for Human-Motion Detection [J]. Nat Nanotechnol, 2011, 6: 296-301.

[45] Lipom D. J. , Vosgueritchian M. , Tee C. K. , Hellstrom S. L. , Lee J. A. , Fox C. H. , Bao Z. Skin-Like Pressure and Strain Sensors Based on Transparent Elastic Films of Carbon Nanotubes[J]. Nat Nanotechnol, 2011, 6: 788-792.

[46] Roh E. , Hwang B. U. , Kim D. , Kim B. Y. , Lee N. E. Stretchable, Transparent, Ultrasensitive, and Patchable Strain Sensor for Human-Machine Interfaces Comprising a Nanohybrid of Carbon Nanotubes and Conductive Elastomers[J]. ACS Nano, 2015, 9: 6252-6261.

[47] Yu Y. , LUO Y. F. , GUO A. , Yan L. j. , Wu Y. , Jiang K. L. , Li Q. Q. , Fan S. S. , Wang J. P. Flexible and transparent strain sensors based on super-aligned carbon nanotube films[J]. Nanoscale, 2017, 9: 6716-6723.

[48] Foroughi J. , Spinks G. M. , AzIz S. , Mirabedini A. , Jeiranikhameneh A. , Wall G. G. , Kozlov M. E. , Baughman R. H. Knitted Carbon - Nanotube - Sheath/Spandex - Core Elastomeric Yarns for Artificial Muscles and Strain Sensing [J]. Acs Nano, 2016, 10: 9129-9135.

[49] KIMSY, PARK S, PARK H W, et al. Highly Sensitive and Multimodal All-Carbon Skin Sensors Capable of Simultaneously Detecting Tactile and Biological Stimuli [J]. Adv Mater, 2015, 27(28): 4178-4185.

[50] Lee C., Wei X. D., Kysar J. W., Hone J. Measurement of the elastic properties and intrinsic strength of monolayer graphene[J]. Science, 2008, 321: 385-393.

[51] Wei Y. J., Wang B. L., Wu J. T., Yang R. G., Dunn M. L. Bending rigidity and gaussian bending stiffness of single-layered graphene[J]. Nano Letters, 2013, 13: 26-37.

[52] Huang M. Y., Pascal T. A., Kim H., Goddard W. A., Greer J. R. Electronic-mechanical coupling in graphene from in situ nanoindentation experiments and multiscale atomistic simulations[J]. Nano Letters, 2011, 11: 1241-1253.

[53] Wang Y., Yang R., Shi Z. W., Zhang L. C., Shi D. X., Wang E., Zhang G. Y. Super-elastic graphene ripples for flexible strain sensors [J]. Acs Nano, 2011, 5: 3645-3654.

[54] Kim K. S., Zhao Y., Jang H., Lee S. Y., Kim J. M., Kim K. S., Ahn J. H., Kim P., Choi J. Y., Hong B. H. Large-scale pattern growth of graphene films for stretchable transparent electrodes[J]. Nature, 2009, 457: 706-714.

[55] Lee Y., Bae S., Jang H., Jang S., Zhu S. E., Sim S. H., Song Y. L., Hong B H., Ahn J. H. Wafer-scale synthesis and transfer of graphene films[J]. Nano Letters, 2010, 10: 490-495.

[56] Bae S. H., Lee Y., Sharma B. K., Lee H. J., Kim J. H., Ahn J. H. Graphene-based transparent strain sensor[J]. Carbon, 2013, 51: 236-242.

[57] Chun S., Kim Y., Jin H., Lee S. B., Choi E., Park W. A graphene force sensor with pressure-amplifying structure[J]. Carbon, 2014, 78: 601-608.

[58] 胡耀娟，金娟，张卉，等．石墨烯的制备、功能化及在化学中的应用[J]. 物理化学学报，2010，26：2073-2086.

[59] Wang D. Y., Tao L. Q., Liu Y., Zhang T. Y., Pang Y., Wang Q., Jiang S., Yang Y., Ren T. L. High performance flexible strain sensor based on self-locked overlapping graphene sheets[J]. Nanoscale, 2016, 8: 20090-20099.

[60] Coskun M. B., Akbari A., Lai D., Neild A., Majumder M., Alan T. Ultrasensitive strain sensor produced by direct patterning of liquid crystals of graphene oxide on a flexible substrate[J]. Acs Applied Materials & Interfaces, 2016, 8: 230-245.

[61] Liu Q., Chen J., Li Y. R., Shi G. Q. High-Performance strain sensors with fish-scale-like graphene-sensing layers for full-range detection of human motions[J]. Acs Nano,

2016, 10: 7901-7913.

[62] Zhu B., Niu .Z, Wang H., Wan R. L., Chen X. Microstructured graphene arrays for highly sensitive flexible tactile sensors[J]. Small, 2014, 10: 3625-3635.

[63] Li X., Sun P. Z., Fan L. L., Zhu M., Wang K. L., Zhong M. L., Wei J. Q., Wu D. H., Cheng Y., Zhu H. W. Multifunctional graphene woven fabrics [J]. Scientific reports, 2012, 2: 395-405.

[64] Li X., Zhang R. J., Yu W. J., Wang K. L., Wei J. Q., Wu D. H., Cao A. Y., Li Z. H., Cheng Y., Zheng Q. S., Ruoff R. S., Zhu H. W. Stretchable and highly sensitive graphene-on-polymer strain sensors[J]. Scientific Reports, 2012, 2: 870-883.

[65] Wang Y., Wang L., Yang T. T., Li X., Zang X. B., Zhu M., Wang K. L., Wu D. H., Zhu H. W. Wearable and highly sensitive graphene strain sensors for human motion monitoring[J]. Advanced Functional Materials, 2014, 24: 4666-4670.

[66] Wang Y., Yang T. T., Lao J. C., Zhang R. J., Zhang Y. Y., Zhu M., Li X., Zang B. B., Wang K. L., Yu W. J., Jin H., Wang L., Zhu H. W. Ultra-sensitive graphene strain sensor for sound signal acquisition and recognition[J]. Nano Rresarch, 2015, 8: 1627-1636.

[67] Yang T. T., Wang W., Zhang H. Z., Li X. M., Shi J. D., HE Y. J., Zheng Q. S., Li Z. H., Zhu H. W. Tactile sensing system based on arrays of graphene woven microfabrics: electromechanical behavior and electronic skin application [J]. ACS nano, 2015, 9: 10867-10873.

[68] Lee X, Yang T. T., Li X., Zhang R. J. Flexible graphene woven fabrics for touch sensing [J]. Applied Physics Letters, 2013, 102: 1530-1543.

[69] Yang T., Wang Y., Li X., Wang K., Wu D., Hu J., Li J., Zhu H. Torsion sensors of high sensitivity and wide dynamic range based on a graphene woven structure [J]. Nanoscale, 2014, 6: 13053-13064.

[70] Yang T., Zhang H., Wang Y., Li X., Wang K., Wei J., Wu D., Li Z., Zhu H. Interconnected graphene/polymer micro-tube piping composites for liquid sensing [J]. Nano Rresarch, 2014, 7: 869-876.

[71] Chen Z., Ren W., Gao L., Liu B., Pei S., Cheng H. M. Three-dimensional flexible and conductive interconnected graphene networks grown by chemical vapour deposition [J]. Nature Materials, 2011, 10: 424-430.

[72] Xu R. Q., Lu Y. Q., Jiang C. H., Chen J., Mao P., Gao G. H., Zhang L. B., Wu S. Facile fabrication of three-dimensional graphene foam/poly(dimethylsiloxane) composites

and their potential application as strain sensor[J]. Acs Applied Materials & Interfaces, 2014, 6: 13455-13467.

[73] Pang Y., Tian H., Tao L. Q., Li Y., Wang X., Deng N., Yang Y., Ren T. L. A flexible, highly sensitive and wearable pressure and strain sensors with graphene porous network structure[J]. Acs Applied Materials & Interfaces, 2016, 9: 17-25.

[74] Jeong Y. R., Park H., Jin S. W., Hong S. Y., Lee S. S., Ha J. S. Highly stretchable and sensitive strain sensors using fragmentized graphene foam[J]. Advanced Functional Materials, 2015, 25: 4228-4236.

[75] Samad Y. A., Li Y. Q., Alhassan S. M., Liao K. Novel graphene foam composite with adjustable sensitivity for sensor applications[J]. Acs Applied Materials & Interfaces, 2015, 7: 9195-9207.

[76] Li J. H., Zhao S. F., Zeng X. L., Huang WP., Gong Z. P., Zhang G. P., Sun R., Wong C. P. Highly stretchable and sensitive strain sensor based onfacilely prepared three-dimensional graphene foam composite[J]. Acs Applied Materials & Interfaces, 2016, 8: 18954-18964.

[77] Kuang J, Liu L, Gao Y, Zhou D., Chen Z., Han B. H., Zhang Z. A hierarchically structured graphene foam and its potential as a large-scale strain-gauge sensor[J]. Nanoscale, 2013, 5: 12171-12177.

[78] Wu S. Y., Ladani R. B., Zhang J., Ghorbani K., Zhang X. H., Mouritz A. P., Kinloch A. J., Wang C. H. Strain sensors with adjustable sensitivity by tailoring the microstructure of graphene aerogel/PDMS nanocomposites [J]. Acs Applied Materials & Interfaces, 2016, 8: 24853-24867.

[79] Kim Y. J., Ju Y. C., Ham H., Huh H., So D. S., Kang I. Preparation of piezoresistive nano smart hybrid material based on graphene[J]. Current Applied Physics, 2011, 11: S350-S352.

[80] Liu H, Li Y, Dai K, et al. Electrically conductive thermoplastic elastomer nanocomposites at ultralow graphene loading levels for strain sensor applications[J]. Journal of Materials Chemistry C, 2015, 4(1): 157-166.

[81] Boland C. S., Khan U., Ryan G., Barwich S., Charifou R., Harvey A., Backes C., Li Z. L., Ferreira M. S., Mobius M. E., Young R. J., Coleman J. N. Sensitive electromechanical sensors using viscoelastic graphene-polymer nanocomposites[J]. Science (New York, N. Y.), 2016, 354: 1257-1269.

[82] Li Y. Q., Samad Y. A., Liao K. From cotton to wearable pressure sensor[J]. Journal of

Materials Chemistry A，2015，3：2181-2187.
[83] Wang C. Y.，Li X.，Gao E. L.，Jian M. Q.，Xia K. L.，Wang Q.，Xu Z. P.，Ren T. L.，Zhang Y. Y. Carbonized Silk Fabric for Ultrastretchable，Highly Sensitive，and Wearable Strain Sensors[J]. Advanced Materials，2016，28：6640-6648.
[84] Ren J.，Du X.，Zhang W. J.，Xu M. From wheat bran derived carbonaceous materials to a highly stretchable and durable strain sensor，RSC Advances. 2017，7，22619-22626.

第5章　三维碳纳米材料在超级电容器中的应用

5.1　引言

近年来，随着全球经济的飞速发展，化石能源燃料的过度消耗，有害气体大量的排放，能源危机与环境污染是当前人类所面临和迫切需要去解决的问题。大力开发清洁、可持续的新能源可以有效解决上述问题。此外，随着各种新型移动设备的普及，电动汽车产业的飞速发展，人们在不断开发新型能源的同时，也对存储设备提出了新的挑战。在众多的储能设备中，超级电容器是一种理想的新型绿色环保储能设备。相比于传统电容器，超级电容器具有较高的能量密度。与可充电电池相比，其具有较大的功率密度(通常为10~100倍)、较短的充放电时间和较长的使用寿命，是一种介于传统电容器与可充电电池之间的新型储能设备，近些年来受到国内外研究者广泛的关注[1]。目前，超级电容器已经在小型电源、通信设备、电动工具、航空和航天等领域广泛应用。然而商业化的超级电容器仍面临能量密度较低的问题，难以满足对高能量密度储能装置日益增长的需求。因此设计和开发具有高能量密度的超级电容器以满足实际的需求受到国内外广泛的关注。特别是最近几年，随着新材料的发展，超级电容器相关工作的的研究工作达到前所未有的高潮。

5.2　超级电容器

超级电容器(Supercapacitors)又叫电化学电容器(Electrochemical capacitors)，它主要依靠在电极/溶液界面产生的双电层电容或者是电活性材料在其界面处进行欠电位沉积，发生高度可逆的氧化还原反应产生赝电容来储存能量。超级电容器的储能原理是建立在由 Helmhotz 等提出的在双电层理论的基础之上。但直到 1957 年才由美国通用电气公司(General Electric Corp.)的科研人员 Becker 将超级电容器应用于实际目的，并且率先申请了超级电容器方面的第一个专利[2]。在 1968 年美国标准石油公司(SOHIO)科研人员首次将具有高比表面积的碳材料用做超级电容器电极材料[3]。1971 年，日本 NEC 电气公司科研人员率先研发以水溶液为电解液，以活性炭为电极材料的超级电容器，并组装成对称性超级电容器，然后将这种新型的超级电容器推向商业市场。在同一年，日本松下公司的科研人员研发了以有机溶剂为电解液，用活性炭作为超级电容器的电极材料。随着超级电容器在实际应用中展现出的各种优异特性，超级电容器的研究工作受到各工业发达国家的高度重视。日本政府将超级电容器的研发工作列入了“新阳光计划”，并且成立了“新电容器研究会”。欧共体设立“开发电动车用超级电容器”计划。如今，经过国内外科研人员的努力，特别是最近几年，随着新材料的发展，超级电容器各项性能均有了大幅度的提高，特别是能量密度提高后能够促使超级电容器应用到更多的领域，其中在电动汽车领域将会有巨大的发展潜力。

在 20 世纪 80 年代，我国电子工业部第十九研究所的科研人员就开始了对超级电容器进行了相关的研究[4]，随后国内一些高校和公司也陆续开展相关研究工作。目前国内能够大规模产业化生产超级电容器的厂家只有 10 多家，其中上海奥威公司对超级电容器相关的研发工作已经达到国际先进水平。在 2006 年，由上海奥威科技公司自主研发的以超级电容器作为唯一电源的公交车投入了使用，在超级电容器实际应用方面取得了优异的成绩。目前我国研发的超级电容器虽然在性能上与发达国家还有一定差距，但差距正逐步缩小。相信随着国家对超级电容器越来越重视，特别是最近几年，随着新材料的发展，我国超级电容器的研发工作将会步入飞速发展的时期。

5.2.1　超级电容器的结构

超级电容器主要由电极、隔膜、集流体和电解液等构成。集流体是超级电容器中电极材料的载体，一般是由导电性好、机械稳定性高的材料构成。比较常见的集流体有泡沫镍、碳纸、不锈钢网等。集流体通常根据电解液的不同来进行选择。电解液主要有三种：有机电解液、水系电解液和离子液体。对于电解液的性能一般有如下要求：①电导率高。②电解质不与电极材料发生反应。③使用温度范围宽。④最好是无毒、无味、廉价、易于制备。水系电解液主要有硫酸溶液、氢氧化钾溶液、硫酸钠溶液等。由于水的分解电压较低(1.23V)，因此水系电解液超级电容器的工作电压一般小于1V。对于有机电解液来说，常用的有机溶剂主要有碳酸丙烯酯、*N*，*N*二甲基酰胺、乙腈等。常用的电解质主要有季铵盐和锂盐等。在有机体系下工作电压一般在2~4V左右。此外，目前有报道碳材料双电层电容器的电解液中引入氧化还原物质以增加额外赝电容[5]，这种体系在较小的电流密度下氧化还原物质才能发挥其赝电容的贡献，可以有效提高比容量，但是仍面临倍率性和循环稳定性较差等问题。隔膜一般应具有良好的电化学稳定性、较高孔隙率、较低的电阻等特性。常用做超级电容器隔膜的材料主要有聚乙烯、玻璃纤维膜和聚丙烯微孔膜等。此外，电极材料是超级电容器最关键的部分，其自身的电化学性能直接决定着超级电容器的性能。后面将作详细的介绍。

5.2.2 超级电容器的储能机理

根据电荷的储存机理与转化机制，超级电容器一般可以分为双电层电容器(Electric Double Layer Capacitor，EDLC)、赝电容器(Pseudocapacitor)和混合电容器(Hybrid Capacitor)。

双电层电容器是利用电极材料表面和电解液之间形成的界面双电层来存储能量的装置，其储能机理是依靠双电层理论来存储能力的。双电层理论认为，当电极插入电解液中时，电极材料表面与电解液液面两侧会出现符号相反的过剩电荷，从而使相间产生电势差。当将两个电极同时放入电解液时，并在正负两极之间施加一定大小的电压，这时在电场作用力的影响下，电解液中的正、负离子会迅速定向向两极迁移，最终束缚在正负电极材料的表面形成紧密的电荷层，即双电层。双电层电容器的比容量 C 与介电常数 ε 以及电极材料的比表面积 S 成正比，与双电层的有效厚度 d 成反比。双电层电容器紧密的双电层与平板电容类似，但是由于双电层电极材料具有较大的比表面积以及纳米级别的电荷间距，因而具有比平板电容器更大的容量。

赝电容器是依靠电解质和电活性物质表面或近表面快速可逆的法拉第氧

化还原反应储能。这一赝电容和许多热力学因素有关，如电荷转移量 Δq 和电压的变化 ΔV，即在发生可逆的氧化还原反应时，电荷转移量和电压发生连续变化。赝电容表现出类似双电层的性质，因此命名为“准电容”或“赝电容”。目前，研究最多的赝电容材料是过渡金属氧化物、导电聚合物和杂原子掺杂的碳材料。法拉第赝电容，是指在电极材料表面或体相中的二维或准二维空间上，发生高度可逆的吸附/脱附过程或氧化还原反应，产生法拉第赝电容。通常法拉第赝电容可分为两部分：①通过在外加电场的作用下，电解液中的离子定向迁移至溶液/电极材料的界面上，在电极材料表面上通过双电层吸附离子，从而存储电荷，即在电极材料表面产生双电层电容。②是发生在电极材料表面或近表面的法拉第赝电容。电解液中的离子与电极材料发生可逆的氧化还原反应，从而产生氧化还原赝电容。赝电容不仅在电极材料表面，还可以发生在电极材料的近表面(约几十纳米)，因此可以提供更高的比容量和能量密度。

除双电层电容器和赝电容器之外，另一种特殊的电容器是混合电容器，又称为非对称电容器，其具有相对较宽的电压窗口和高的能量密度。通常，混合电容器是由一个基于氧化还原机理储能的电极(电池型或赝电容型电极)与一个基于双电层机理的电容型电极组成。其利用正极大的正电位和负极大的负电位，将两者结合起来以获得宽的电压窗口，可以大幅度地提高装置的能量密度。此外，由于正负极储能机理不同，混合电容器集双电层电容器和赝电容器两者的优势于一身，不仅具有高的功率密度，还具有高的能量密度，在未来的储能应用中将不可避免地占有一席之地。

如前所述，超级电容器各项优异的性能恰好可以弥补电池与传统电容器之间的空白，将传统电容器的高能量密度与电池的高功率密度有效地结合在一起，是一种应用前景非常广阔的储能设备。随着电动汽车、智能穿戴设备等的普及，超级电容器将会获得飞速的发展机遇。超级电容器具有如下特点[6-10]：

① 具有较快的充放电时间。根据超级电容器储能机理可知，主要通过双电层或电极界面上快速可逆的吸脱附或氧化还原反应来储存能量，因此，相比于电池充电的时间通常可达几个或几十小时，而超级电容器通常只需几十秒钟就可以完成充电。

② 具有较大的功率密度。超级电容器功率密度是电池的 10~100 倍，可

在瞬间内放出较大的电流，瞬间释放大功率的特性为超级电容器的应用提供了更广阔的空间。

③ 具有较高的充放电效率(>95%)，循环寿命好。通常人们所用的手机电池在充放电500次后，其容量就大幅度的下降，导致其使用时间明显变短。而超级电容器使用寿命通常可以达到10^5以上，仍能够释放出较高的能量，平均使用寿命可达30年[11-13]。

④ 具有较高的比容量。由于双电层电极材料具有较大的比表面积以及纳米级别的电荷间距，因而具有比传统电容器更大的比容量。

⑤ 具有较宽的使用温度范围。超级电容器的储能机理决定其储能过程一般在电极表面或近表面进行，环境温度对双电层储存电荷的转移影响不大。超级电容器使用温度范围一般在-40~70℃，而电池的温度范围一般是在-20~60℃。

⑥ 环境友好，安全性高。超级电容器包装材料中不涉及重金属，电极材料通常为碳材料，安全性能良好，且对环境无污染。

综上所述，与其他储能设备相比(燃料电池、电池等)，超级电容器具有快速充放电、较大的功率密度、较高的充放电效率、使用寿命长、工作温度范围宽、环境友好以及安全性高等特性[14-22]。

5.2.3 超级电容器的应用领域

经过多年的发展，特别是随着超电容器能量密度的日益提高，其应用范围也不断拓展，从作为独立的储能器件到与蓄电池或燃料电池结合形成混合储能器件，超级电容器都展现出了广阔的应用前景。目前，超级电容器主要应用在以下领域[23-29]：

① 在电动汽车与混合动力汽车领域，在车辆启动时，由于瞬间所需电流非常大，需要较大的功率，普通蓄电池无法在瞬间释放出较大的功率，而超级电容器恰好可以弥补这方面的不足。车辆在爬坡或加速时，超级电容器可以瞬间提供较大的电流，加速车辆行驶；车辆减速或刹车时，直流电动机反转产生电能，可以回收到蓄电池和超级电容器中备用。此外，在北方冬天汽车存在着启动较难的问题，将超级电容器和电池联合使用，利用超级电容器的良好的低温特性可以有效解决汽车低温启动问题。以超级电容器作为电源

可以实现快速的充电，相比于充电电池，可以减少充电时间。随着超级电容器能量密度的提高，其将在电动汽车领域具有非常大的发展前景。

② 在便携式电子产品领域，可用作小功率电子设备替换电源或主电源，如录音机、电动玩具、钟表等。

③ 可作大功率输出设备的电源。由于超级电容器可以在瞬间输出较大的功率，将其与蓄电池联用，可用于飞机、坦克、船舶等大型工具的启动、加速时的功率电源，极大地提高和改善装备的启动、加速性能。所以，超级电容器在军事领域和空间应用领域相当有应用前景。

5.3 三维碳纳米材料用于超级电容器

碳纳米材料作为双电层超级电容器的电极材料需具备三个条件：①高的比表面积；②优异的导电性能；③与电解质溶液之间良好的亲和性[30]。优异的导电性能连同高的可用比表面积是设计和选取多孔碳材料电极时首先应考虑的因素。多孔碳电极是一种广泛应用的双电层电容电极。此外，作为两种典型的碳纳米材料，碳纳米管和石墨烯的发现和使用对超级电容器的发展起到了重要的促进作用。由于具有优异的一维和二维结构，碳纳米管和石墨烯可以被用于组装构成不同维度和尺寸的集合体材料。基于碳纳米材料的这种集合体材料不需要添加任何绝缘黏合剂或者低电容导电添加剂，可以直接用作双电层超级电容器的电极。此外，这种三维碳纳米材料可以作为导电高分子或者过渡金属氧化物等赝电容材料的优良的载体，通过与赝电容材料复合，可以显著提高材料的储能能量密度。

5.3.1 富勒烯组装的多孔碳用于超级电容器

富勒烯代表了一类很重要的碳材料家族，它们有很多独特的性质，比如说确定的分子结构、高电子亲和力及三维电子传输能力。这些优异的性质使得富勒烯在很多领域得到了广泛的研究，比如：有机太阳能电池、场效应晶体管以及光电探测器。尽管在以前的报道中已经证实了每一个 C_{60} 分子在室温情况下能可逆地接受 6 个电子，预示其是作为电容器电极材料相当有前景的材料之一，但实际上，富勒烯作为碳材料的一种重要同素异形体，它们的电容性质长久以来没有很大的发展。至今为止，有一些报道初步探索了勒烯相关材料的电容性质。例如，Winkler 等[31]制备出了一种 C_{60}-Pd 聚合物，其具有较高的比容量值(大约 200F/g)，但贵金属 Pd 的采用限制了这种材料的实际应用。Schon 等[32]设计出了一种使用电化学聚合的富勒烯作为负极以及 PEDOT 作为正极的非对称超级电容器，其最高功率可达到 4300kW/L。

通过对富勒烯进行处理，人们得到多孔碳并将其应用于能量存储方面。如 Lok Kumar Shrestha 等[33]将一维的富勒烯(C_{60})单晶纳米棒和纳米管直接在真空条件下在超高温 2000℃下煅烧，最终形成纳米多孔碳。并且这一纳米多孔碳 C_{60}单晶中电子是 π 共轭，具有 sp^2形式的石墨碳骨架。最终制备的多孔纳米碳相比于商业活性炭，在电化学存储中展现了优异的电化学性能：这一多孔纳米碳在电解液为 1mol/L 的硫酸的三电极电化学测试中，在 5mV/s 的电压扫速下通过计算发现其电容值有 145.5F/g。同时，对比商业活性炭，这一多孔纳米碳对于芳香族的化合物具有更好的传感特性。进一步，通过对富勒烯(C_{70})微管在高温下进行 KOH 活化，得到的多孔碳作为超级电容器的电极材料具有非常优异的性能[34]。从富勒烯经过反应转成石墨碳的过程如下：首先 C_{70}富勒烯分子和 KOH 反应形成功能化的富勒烯(这一过程发生在较低的温度如 500℃)。之后在高温下如 600℃时这些功能化的富勒烯坍塌并随后互相连接组成石墨碳。由于下述三个原因：大孔及微孔的构建，氧官能团的引入和由椭圆形的富勒烯得到的石墨碳组成，其在 600℃的活化温度时具有最好的性能。

5.3.2 三维碳纳米管用于超级电容器

碳纳米管具有良好的导电性，较大的比表面积，优异的机械稳定性，类石墨的化学键，结晶度高，呈准一维电子结构。独特的性质使碳纳米管在超级电容器领域有着广泛应用。纯 CNT 的比表面是 120~1300m^2/g，其比电容为 2~200F/g。CNT 直径影响着其内在的比表面积。多壁 CNT 外部直径从 20nm 到 10nm，内部直径从 5nm 到 2nm，其相应的比表面积从 128m^2/g 增加到 411m^2/g[36]。碳纳米管具有独特的中空管腔结构，交联的网状导电网络，非常有利于双电层的形成，是一种优良的超级电容器电极材料。在范德华力的作用下，碳纳米管之间容易发生团聚，导致比表面积大幅度下降，从而阻碍了其电化学性能的发挥。研究发现，碳纳米管可以通过强氧化性的酸(如浓硫酸、浓硝酸等)对其表面进行处理，增加碳纳米管表面的含氧冠能团。这种处理不仅可以有效阻止碳纳米管团聚，还可以提供更多的活位点，进而有利于在表面负载其他材料(金属氧化物、金属氢氧化物和导电聚合物等)。

为了提高 CNT 的比表面，Pan 等[37]通过电化学活化的方法将单壁 CNT 的比表面从 46.8m^2/g 提高到 109.4m^2/g，使其比电容提高了 3 倍。Hata 等[37]通过优化单壁 CNT 的纯度，获得了比表面积高达 1300m^2/g 的单壁 CNT。以 1mol/L Et_4NBF_4/碳酸亚丙酯为电解液，电压窗口达到 4V，获得了能量密度高达 94W · h/kg 和功率密度高达 210kW/kg 的超级电容器器件。

除了提高比表面积增加 CNT 的双电层电容器性能外，还可以通过提升 CNT 的导电性和增加 CNT 上的活性位点来提升性能。掺杂是提升这些性能行之有效的手段。例如，通过在 CNT 上苯胺单体的原位聚合，然后碳化聚苯胺并包覆在 CNT 上，可以达到氮掺杂的目的。在这项研究中，通过控制苯胺所用量来控制氮掺杂中氮含量。在氮含量为 8.64%(质量)时，在 6mol/L KOH 溶液中获得了一个高达 205F/g 的比电容[38]。Moon 等[39]通过乳液辅助蒸发制备了致密填充的 CNT 球，随后进行氮掺杂制备出基于 CNT 的超级电容器。与原始 CNT 相比，氮掺杂的 CNT 在 0.2A/g 的电流密度下，获得了一个值高达 215F/g 的比电容，是原始 CNT 的 3.1 倍。氮掺杂能够提高比电容是因为增强了电导率，并提供了更多的活性位点和产生了赝电容。

定向排列的 CNT 阵列具有离子快速扩散的优势，通过优化离子扩散路径，可获得优异的高功率电容特性。活性炭颗粒与绝缘的粘接剂之间具有许多接触点，导致活性炭颗粒和粘接剂组成的电极具有极大的内阻。相反，定向排列的 CNT 阵列垂直于集流体，除了集流体和 CNT 阵列的接触阻抗外，CNT 阵列内部的离子扩散路径和电子输运路径都得到了极大的简化。因此 CNT 阵列通常具有较大的功率密度。Lin 等[40]报道了以石墨烯为基底，镍为催化剂，在石墨烯基底上生长定向排列 CNT 阵列。该石墨烯/CNT 电极在 400V/s 的超高循环伏安扫速以下，其电容性能维持一个线性独立性，显著高于活性炭。高的扫速意味着在大电流充放电下，仍能维持优异的电容性能，说明了其优异的功率性能，这种 CNT 阵列构建的超级电容器在 Na_2SO_4 电解液中展现了 30W/cm^3的功率密度。

5.3.3 三维石墨烯用于超级电容器

在碳纳米管及石墨烯应用于电化学储能时有一个问题，即这些纳米结构很容易团聚，从而减小其存储能量的效率。尽管石墨烯的理论比表面积高达 $2630m^2/g$，但由于石墨烯层间存在强烈的范德华相互作用，能够使片层间发生不可逆的团聚和再次堆叠，所以实际中石墨烯比表面积通常低于 $1000m^2/g$。为了改善这个问题，研究者通过制备石墨烯基复合材料或者对石墨烯材料进行空间结构的设计，可以有效地防止石墨烯团聚，同时可以利用纳米材料间的协同效应，使石墨烯基复合材料充分发挥自身的电化学性能。

Zhu 等[41]利用 KOH 活化方法制备了活性石墨烯。这一方法广泛应用于制备商业的活性炭材料过程中，制备出的活性石墨烯的比表面积高达 $3100m^2/g$，是一多孔碳。同时这一多孔碳的孔径分布比较集中，在微孔区域主要集中在孔径为 1nm 的微孔，同时还有部分中孔，且中孔的孔径也比较集中，其孔径为 4nm 左右。活化石墨烯在两电极体系的超级电容器中进行电化学测试，在 5.7A/g 的电流密度下恒电流充放电，对放电曲线进行计算发现这一多孔碳有 166F/g 的比容量，电压范围从 0~3.5V。最终其功率密度为 250kW/kg，能量密度为 70W·h/kg。同时对这一多孔碳进行循环测试，即在以 2.5A/g 的恒定电流循环 10000 次，发现它依然保持了 97%的比电容值，说明这一碳材料具有非常好的循环稳定性。

Cai 等[42]对用 Hummer 法制备的氧化石墨烯的溶液先进行冰冻处理，之后对冰冻后的产物进行冷冻干燥，通过前面的这些处理可以使石墨烯片间保持分离，避免片层堆叠，最后将这一冷冻干燥的产物在惰性气氛下进行煅烧，最终得到比表面积为 $358.3m^2/g$ 的石墨烯纳米片，并且层间距也增加到 0.385nm。由于这一材料比表面积增加，同时石墨烯片间的层间距增加，发现其作为超级电容器的电极材料具有良好的性能。Yan 等[43]通过模板法对氧化石墨烯(GO)进行处理并成功制备了功能化的石墨烯，将 $Mg(OH)_2$ 纳米片作为“间隔物”引入 GO 片之间，以防止石墨烯片重新堆叠或团聚，确保最终得到的石墨烯片具有高的比表面积，应用于超级电容器电极材料时具有超高的体积比性能。其他方法如使用环境友好且有效的还原剂，在石墨烯间加入各种间隔物，制造多孔或使石墨烯片卷曲及活化等，均能有效地避免这类团聚。

5.3.4 多孔碳用于超级电容器

多孔碳具有丰富的孔隙结构、较大比表面积、价格低廉和来源丰富等特点。目前人们已经利用多同的前驱体通过不同的活化方式制备出了具有不同孔径大小和比表面积的多孔碳材料，并用于超级电容器电极材料。多孔碳的制备首先是在惰性气体的保护下经高温炭化碳前驱体(椰壳、果壳、秸秆、木材、煤炭、石油焦、沥青、树脂)等，在经过高温活化过程就得到活性炭。活化可以分为物理活化和化学活化。物理活化主要用水蒸气、二氧化碳、空气等在600~1000℃下进行活化。化学活化通常将原料与活化剂的浓溶液混合，干燥后再放入高温炉中加热变成热解产物。以生物质碳材料经活化后可以产生大量的微孔，材料的比表面积大幅度地提升，有利于电荷的储存。同时，在碳材料表面还会残留一些杂原子(N、O、S)等，在电化学反应过程中不仅能够提高材料的表面浸润性，还能够提供一定的赝电容，有利于比容量的增加。目前，将活性炭材料用在超级电容器领域受到国内外广泛的研究。例如Fierzek等[44]分别以沥青和氢氧化钾作为碳前躯体和活化剂，通过化学活化法制备出具有高比表面积的活性炭(1900~3200m^2/g)。在1mol/L硫酸溶液中，其最大比容量可达320F/g。Zhi等[45]以鸡蛋壳为前驱体，以氢氧化钾为活化剂，制备出具有较高N含量[4.1%~7.6%(质量)]、较大的比表面积(1405m^2/g)和较高的微孔率[88%(体积)]的多孔碳材料，电化学测试表明其比容量可达550F/g。此外，分别以$NiCo_2O_4$/graphene和多孔碳用正-负极电极材料组装非对称超级电容器，能量密度可达48W·h/kg。Chen等[46]以胡桃壳为前驱体，采用氯化锌作为活化剂制备活性炭电极材料，在KOH电解液中，最大比容量可达271F/g，循环测试5000圈后，其比容量仍能保持初始容量的88%。Fan等[47]将生物质原料香蒲和KOH分别用作碳前躯体和活化剂，通过一步炭化活化法制备出具有交联结构的碳泡沫。多孔的结构有利于离子的快速运输和扩散，因而具有较大的离子转移速率。较大的比表面积能够储存更多的电荷，因而电极材料具有较高的比容量。以该碳泡沫作为电极材料比容量可达336F/g，电化学循环测试5000次后，比容量仍能保持为初始容量的95%。虽然活性炭具有较大的比表面积(1000~3000m^2/g)，但其孔隙结构很难控制，导致其有效比表面积利用率很低。尽管活性炭材料用作超级电容器电极材料已经实现了商业化，但由于其较低的能量密度限制其广泛应用。因此，合理的设计具有较窄的孔径分布、相互贯通的孔结构以及较大的比表面积有利于充分发挥其潜在的电化学性能。由于活性炭独特的结构、优异的电化学性能、低廉的生产成本和原料来源广泛等特性，使其在超级电容器电极材料方面具有非常广阔的应用前景。

介孔碳具有较大的比表面积和一定范围内可调的孔径、较大的孔容和高机械稳定性等优点，是一种理想的双电层电容器材料。介孔碳具有均一规则有序的孔结构，电解液离子可以在孔隙结构之间快速地转移，有利于快速地形成双电层，显示出优异的电化学性能。目前，模板法被认为是合成介孔碳的最有前途的方法，通常分为软模板法和硬模版法。

模板法制备介孔碳材料通常分为三步：碳的前躯体填充、炭化和模板剂的去除。这种方法能够在纳米水平上调控碳材料的孔结构，合成具有高比表面积、规则外形和孔隙率高的多孔碳材料。目前研究主要集中在制备不同类型模板和利用不同类型碳前驱体来制备孔结构(微孔，中孔和大孔)可控的碳材料。徐等[48]以纳米级碳酸钙和蔗糖分别用作为模板和碳前驱体，制备出介孔碳材料的比表面积可达 606m^2/g，在电流密度为 50mA/g 时，比电容为 125F/g，电极材料的比容量相对于初始容量仍能保持 70.4%，显示出较高的倍率性。Wang 等[49]以二氧化硅为模板，以煤基沥青为碳源，合成介孔碳材料，可以有效地控制多孔碳材料的孔径分布，这种介孔碳材料展现较高的比容量、优异的倍率性和电化学稳定性。Beguin 等[50]以 Y 型分子筛作为模板合成了功能化的微孔碳材料，在水性电解液中比容量高达 340F/g，同时具有优异的电化学稳定性。采用模板法制备的介孔碳具有优异的电化学性能，但是这种材料的制备过程复杂且成本高。因此，如何解决这些难题是科研工作者日后需要解决的问题。

5.4 功能化超级电容器

5.4.1 三维碳纳米材料用于柔性超级电容器

为了满足人们日益增长的物质文化需求，柔性可穿戴的电子产品如卷屏手机、电子纸、电子衫、可卷曲显示器、电子皮肤等受到了极大的欢迎，更激发了广大科研工作者对柔性电子的研究热潮。总的来说，柔性电子是一种以柔性的塑料或薄金属作为基板，制作有机、无机材料的电子器件的新兴电子技术。有机电子技术曾与人类基因组草图、生物克隆技术等重大发现被美国《科学》杂志并列评为2000年世界十大科技成果。近些年来，柔性电子受到了全世界的广泛关注而迅猛发展，美国、日本和欧盟等发达国家纷纷针对柔性电子技术作出了重大投资，并分别制定了重大研究计划包括美国的FDCASU、日本的TRADIM和欧盟第七框架计划中的PolyApply和SHIFT等计划；国际著名大学包括康奈尔大学、哈佛大学和剑桥大学等也都先后专门成立了针对柔性电子的研究机构，主要针对柔性电子的材料、器件和工艺进行研究。

柔性超级电容器作为超级电容器的一个重要类型，吸引了研究者的广泛关注。设计制备柔性电极材料、分离膜、电解质，以及解决超级电容器的密封问题是发展高性能柔性超级电容器的关键。要实现器件的整体柔性，就要求电容器的所有组成部分，如电极、电解质、分离膜等即便在封装之后仍具有柔性。一般认为，液态电解液和分离膜是具有柔性的，但是传统的基于碳材料的电极往往机械性能较差，无法承受大的机械形变。同时，金属导体的使用也限制了超级电容器的柔性。为了制备得到具有高度柔韧性的超级电容器，就需要提高电极材料的机械性能以及优化超级电容器的结构。

柔性电极是柔性超级电容器的重要组成部件。可用作柔性超级电容器电极的材料应具有三个特点：高的比表面积，良好的导电性，以及优异的机械性能。自支撑的碳纳米管以及碳纳米纤维的薄膜通常具有多孔结构，导电性良好且拉伸强度高。良好的拉伸强度及韧性可以使这些薄膜在弯曲，卷绕甚至折叠过程中保持它们的结构完整性。此外，良好的导电性可以避免超级电容器制备过程中导体金属的添加。因此，此类薄膜适用于作为柔性超级电容器的电极材料。

不同于自支撑薄膜电极，基底支撑的碳纳米管薄膜可以通过将碳纳米管均匀分散在不同的柔性基底如塑料、碳纤维纸以及织物上制得。由于碳纳米管之间以及碳纳米管同基底材料之间的范德华力作用，碳纳米管可以紧密地附着在基底材料上。例如，碳纤维(CF)纸中CF表面存在大量的功能基团[51]。

这些功能基团中的羟基可以同酸化碳纳米管表面和边缘的羧基形成氢键。此外，碳纳米管同 CF 之间具有范德华力作用，且碳纳米管本身机械柔韧性好，可以适应 CF 的形状发生弯曲。氢键的形成和范德华力作用都可以增强碳纳米管对纸面的亲和性。因此，CNTs/CF 复合纸可以在弯曲、卷曲甚至折叠过程中保证 CNT 不脱落。对于基底支撑的碳纳米管薄膜，由于碳纳米管在基底上形成了完整的网络结构，因此具有很大的比表面积，利于双电层储能和电子传输。此外，基底材料优异的机械性能和碳纳米管与基底材料之间良好的结合力使这种复合薄膜具有很好的柔性。事实上，基底支撑的碳纳米管薄膜可以作为柔性超级电容器的电极材料。Kaempgen 和他的同事[52]使用 PET 支撑的 SWCNT 薄膜制备了柔性超级电容器，器件的能量密度为 6W · h/kg，功率密度为 70kW/kg。SWCNT 与 PET 之间的强范德华力作用保证了 SWCNT 不会在电容器弯折过程中脱落。通过在 CNTs 以及碳纳米纤维表面引入导电聚合物或者过渡金属氧化物等赝电容活性物质，可以提高材料的能量密度。基于 SWCNTs/PANI 复合薄膜的超级电容器使用液态电解质且在只考虑 CNT 和 PANI 的质量的情况下，展示出了 131W · h/kg 的能量密度和 62.5kW/kg 的功率密度[53]。使用凝胶电解质以及 CNT/PANI 薄膜电极制备的超薄全固态超级电容器其比电容达到 350F/g，并且在扭曲状态下展示出了良好的循环性能[54]。

科研工作者们也设计和制备了多孔石墨烯薄膜柔性超级电容器电极。对于自支撑的纯石墨烯薄膜，其多孔结构会引起机械性能的减弱。因此，制备自支撑石墨烯电极的关键就是优化其孔结构与机械性能的关系。例如，使用发酵法制备具有连续交联结构的 RGO 薄膜可以直接作为柔性超级电容器的电极，其比电容为 110F/g[55]。该电容器使用液态电解液作为电解质，电容器在弯曲状态下，其循环伏安曲线并没有明显的变形。说明超级电容器在机械形变发生时具有良好的电化学稳定性。

5.4.2 三维碳纳米材料用于可拉伸超级电容器

可拉伸电子器件是一个新兴的研究领域。其可拉伸性主要是通过将电路嵌入可拉伸基底材料中来实现的。根据实际需求，往往要求可拉伸电子器件能够适应大形变，且在形变过程中保持性能稳定。目前，许多电子设备如发光二极管、显示屏等都展示出了超过100%的可拉伸性。为了与这些高度可伸缩装置相匹配，电源材料作为电路系统的重要组成部分，也应该具有适应大拉伸形变的能力，并且在拉伸过程中保持性能稳定。

能否成功制备具有高度可拉伸性的超级电容器主要取决于以下两个因素：①制备高度可拉伸的电极材料；②可拉伸超级电容器的构型设计。可拉伸超级电容器的电极需要具有高的可拉伸性、良好的导电性以及大的比表面积。SWCNT 薄膜导电性良好，因为其网状结构可以为电子提供多种流通线。因此 SWCNT 薄膜以及基于 SWCNT 薄膜的复合材料是可拉伸超级电容器电极的良好选择。此外，石墨烯、导电聚合物以及它们的复合薄膜也可以作为可拉伸超级电容器的电极。

基于 SWCNT 的可拉伸超级电容器主要有两种构型：织物型和波浪形。织物型主要是通过简单的浸涂干燥过程将 SWCNT 涂覆于织物纤维上所制备的材料。这种 SWCNT 涂覆的织物的导电率为 125S/cm，且具有灵活的可拉伸结构。基于该种材料制备的超级电容器比电容达到了 62F/g[56]。除了 SWCNTs 之外，将活性炭附着于由导电碳纤维组成的织物材料上所制备的复合材料也可以用作可拉伸超级电容器的电极，该材料在 50%的拉伸应变下仅出现了少量的电容损失[57]。相比之下，SWCNT 薄膜也具有可拉伸性，但是其可拉伸的最大应变不超过 40%。将 SWCNT 薄膜附于弹性基底上并使其形成波浪形结构是提高 SWCNT 薄膜拉伸能力的有效手段。首先，将 SWCNT 薄膜附着在预应变为 100%的硅橡胶基底上，随后，松开基底材料使其应变恢复到 0%，硅橡胶表面的 SWCNT 薄膜随着硅橡胶一起收缩，形成连续的波浪形结构，从而具有高度可拉伸性。该材料在拉伸至 140%应变过程中并没有出现 SWCNT 薄膜的脱落现象，这得益于 SWCNT 与硅橡胶之间的强界面相互作用力。由波浪形 SWCNT 薄膜所制备的超级电容器在未拉伸状态下比电容为 48F/g，拉伸至 120%应变后，其比电容增加至 53F/g[58]。通过在 SWCNT 薄膜表面沉积 PANI，可以进一步提高所得波浪形薄膜的能量密度[59]。此外，通过这种预拉伸-放松的方法也可以制备波浪形的石墨烯薄膜并作为可拉伸超级电容器的电极。

构型设计是可拉伸超级电容器面临的另一个问题。由于传统的分隔膜不具有可拉伸性，因此基于传统分隔膜材料的超级电容器很难实现可拉伸。此外，基于液态电解质的超级电容器有潜在的电解质泄漏问题，且超级电容器的两个电极在拉伸过程中会出现位置移动。为了克服这些问题，通常采用凝胶电解质制备可拉伸超级电容器。波浪形 SWCNT 薄膜作为电极的超级电容器中，采用了 PVA/H_2SO_4 凝胶作为电解质以及分隔膜材料。这种全固态的超级电容器可以作为一个整体发生拉伸形变。此外，该超级电容器在拉伸至 120% 形变的过程中能够稳定工作[58]。

尽管石墨烯和 CNT 纤维的可拉伸性很差，通过构造新颖的超级电容器构型可以显著提高基于石墨烯或者 CNT 纤维超级电容器的可拉伸性。例如，使用两根互相缠绕的皮芯结构的石墨烯纤维作为超级电容器电极，所制备的弹簧状超级电容器可以实现高度的可拉伸和可压缩性。Peng 等通过将两层取向的 CNT 薄膜缠绕在弹性橡胶纤维上，两层薄膜之间使用凝胶电解质隔开，制备了全固态的可拉伸超级电容器[60]。

参 考 文 献

[1] Wang J. G., Kang F. Y., Wei B. Q. Engineering of MnO_2-based nanocomposites for high-performance supercapacitors. Progress in Materials Science, 2015, 74, 51-124.

[2] Becker H I. U. S. Patent 2800616 (to General Electric), 1957.

[3] Boos D I. U. S. Patent 3536963 (to Standard Oil, SOHIO), 1970.

[4] 董恩沛. 双电层电容器. 电子科学技术，1981，8：19-21.

[5] Zhao C. M., Zheng W. T., Wang X., Zhang H. B., Cui X. Q., Wang H. X. Ultrahigh capacitive performance from both $Co(OH)_2$/graphene electrode and $K_3Fe(CN)_6$ electrolyte. Scientific Reports, 2013, 3: 2986.

[6] Yan J., Wang Q., Wei T., Fan Z. J. Recent advances in design and fabrication of electrochemical supercapacitors with high energy densities. Advanced Energy Materials, 2014, 4: 1300816.

[7] Gao H. C., Xiao F., Ching C. B., Duan H. W. Flexible all-solid-state asymmetric supercapacitors based on free-standing carbon nanotube/graphene and Mn_3O_4 nanoparticle/graphene paper electrodes. ACS Applied Materials & Interfaces, 2012, 4: 7020-7026.

[8] Lu X. H., Yu M. H., Wang G. M., Zhai T., Xie S. L., Ling Y. C., Tong Y. X., Li Y. H-TiO_2@MnO_2//H-TiO_2@C core-shell nanowires for high performance and flexible

asymmetric supercapacitors. Advanced Materials, 2013, 25: 267-272.

[9] Long J. W., Belanger D., Brousse T., Sugimoto W., Sassin M. B., Crosnier O. Asymmetric electrochemical capacitors-stretching the limits of aqueous electrolytes. MRS Bulletin, 2011, 36: 513-522.

[10] Kusko A., Dedad J. Stored energy-short-term and long-term energy storage methods. IEEE Industry Applications Magazine, 2007, 13: 66-72.

[11] Inagaki M., Konno H., Tanaike O. Carbon materials for electrochemical capacitors. Journal of Power Sources, 2010, 195: 7880-7903.

[12] Burke A. Ultracapacitors: why, how, and where is the technology. Journal of Power Sources, 2000, 91: 37-50.

[13] Zhang Y., Feng H., Wu X. Progress of electrochemical capacitor electrode materials: A review[J]. Int J Hydrogen Energy, 2009, 34 : 4889-4899P.

[14] Wang X., Liu B., Liu R., Wang Q., Hou X., Chen D., Wang R., Shen G., Fiber-based flexible all - solid - state asymmetric supercapacitors for integrated photodetecting system, Angewandte Chemie-International Edition, 2014, 53: 1849-1853.

[15] Köz R., Carlen M. Principles and applications of electrochemical capacitors. Electrochimca Acta, 2000, 45: 2483-2498.

[16] Kang K. Y., Hong S. J., Lee B. I., Lee J. S. Enhanced electrochemical capacitance of nitrogen-doped carbon gels synthesized by microwave-assisted polymerization of resorcinol and formaldehyde. Electrochemistry Communications, 2008, 10: 1105-1108.

[17] Babakhani B., Ivey D. G. Improved capacitive behavior of electrochemically synthesized Mn oxide/PEDOT electrodes utilized as electrochemical capacitors. Electrochimica Acta, 2010, 55: 4014-4024.

[18] Sarangapani S., Tilak B. V., Chen C. P. Materials for electrochemical capacitors: theoretical and experimental constraints. Journal of the Electrochemical Society, 1996, 143: 3791 -3799.

[19] Chen H. S., Cong T. N., Yang W., Tan C. Q., Li Y. L., Ding Y. L. Progress in electrical energy storage system: A critical review. Progress in Natural Science-Materials international, 2009, 19: 291-312.

[20] Reddy R. N., Reddy R. G. Synthesis and electrochemical characterization of amorphous MnO_2 electrochemical capacitor electrode material. Journal of Power Sources, 2004, 132: 315-320.

[21] Babakhani B. , Ivey D. G. Anodic deposition of manganese oxide electrodes with rod-like structures for application as electrochemical capacitors. Journal of Power Sources, 2010, 195: 2110-2117.

[22] Lee J. Y. , Liang K. , An K. H. , Lee Y. H. Nickel oxide/carbon nanotubes nanocomposite for electrochemical capacitance. Synthetic Metals, 2005, 150: 153-157.

[23] Yao F. , Pham D. T. , Lee Y. H. Carbon-based materials for Lithium-Ion batteries, electrochemical capacitors and their hybrid devices. Chem Sus Chem, 2015, 8, 2284-2311.

[24] Choudhury N. A. , Shukla A. K. , Sampath. S. , Pitchumani S. Cross-linked polymer hydrogel electrolytes for electrochemical capacitors. Journal of the Electrochemical Society, 2006, 153: A614-A620.

[25] Sugimoto W. , Iwata H. , Murakami Y. , Takasu Y. Electrochemical capacitor behavior of layered ruthenic acid hydrate. Journal of the Electrochemical Society, 2004, 151: A1181-A1187.

[26] Yang X. H. , Wang Y. G. , Xiong H. M. , Xia Y. Y. Interfacial synthesis of porous MnO_2 and its application in electrochemical capacitor. Electrochimica Acta, 2007, 53: 752-757.

[27] Hwang S. W. , Hyun S. H. Synthesis and characterization of tin oxide/carbon aerogel composite electrodes for electrochemical supercapacitors. Journal of Power Sources, 2007, 172: 451-459.

[28] Gao B. , Zhang X. G. , Yuan C. Z. , Yuan C. Z. , Li J. Amorphous Ru1-yCryO_2 loaded on TiO_2 nanotubes for electrochemical capacitors. Electrochimica Acta, 2006, 52: 1028-1032.

[29] Zhao D. D. , Bao S. J. , Zhou W. H. , Li H. L. Preparation of hexagonal nanoporous nickel hydroxide film and its application for electrochemical capacitor. Electrochemistry Communications, 2007, 9: 869-874.

[30] Ji H. X. , Hu J. S. , Tang Q. X. , Song W. G. , Wang C. R. , Hu W. P. , Wan L. J. , Lee S. T. Controllable preparation of submicrometer single-crystal C-60 rods and tubes trough concentration depletion at the surfaces of seeds. The Journal of Physical Chemistry C, 2007, 111: 10498-10502.

[31] Winkler K. , Grodzka E. , D' souza F. , Blach A. L. Two-component films of fullerene and palladium as materials for electrochemical capacitors. Journal of the Electrochemical Society, 2007, 154: K1-K10.

[32] Schon T. B. , Dicarmine P. M. , Seferos D. S. Polyfullerene electrodes for high power super-

capacitors. Advanced Energy Materials, 2014, 4: 19256-19263.

[33] Shrestha L. K., Shrestha R. G., Yamauchi Y., Hill J. P., Nishimura T., Miyazawa K., Kawai T., Okada S., Wakabayashi K., Ariga K. Nanoporous carbon tubes from fullerene crystals as the π-electron carbon source. Angewandte Chemie-International Edition, 2015, 54: 951-955.

[34] Zheng S. S., Ju H., Lu X., A High-performance supercapacitor based on KOH activated 1D C_{70} microstructures. Advanced Energy Materials, 2015, 5: 1500871.

[35] Frackowiak E., Metenier K., Bertagna V., Beguin F. Supercapacitor electrodes from multiwalled carbon nanotubes. Applied Physics Letters, 2000, 77: 2421-2423.

[36] Pan H., Poh C. K., Feng Y. P., Lin J. Y. Supercapacitor electrodes from tubes-in-tube carbon nanostructures. Chemistry of Materials, 2007, 19: 6 120-6125.

[37] Izadi-Najafabadi A., Yasuda S., Kobashi K., Yamada T., Futaba D. N., Hatori H., Yumura M., Lijima S., Hata K. Extracting the full potential of single-walled carbon nanotubes as durable supercapacitor electrodes operable at 4 V with high power and energy density. Advanced Materials, 2010, 22: 235-241.

[38] Li L., Tao J., Geng X., An B. G. Preparation and supercapacitor performance of nitrogen-doped carbon nanotubes from polyaniline modification. Acta Physico- Chimica Sinica, 2013, 29: 111-116.

[39] Gueon D., Moon J. H. Nitrogen-doped carbon nanotube spherical particles for supercapacitor applications: emulsion - assisted compact packing and capacitance enhancement. ACS Applied Materials & Interfaces, 2015, 7: 20083-20089.

[40] Lin J., Zhang C. G., Yan Z., Zhu Y., Peng Z. W., Hauge R. H., Natelson D., Tour J. M. 3-Dimensional graphene carbon nanotube carpet-based microsupercapacitors with high electrochemical performance. Nano Letters, 2013, 13: 72-80.

[41] Zhu Y. W., Murali S., Stoller M. D., Ganesh K. J., Cai W. W., Ferreira P. J., Pirkle A., Wallace R. M., Cychosz K. A., Thommes M. Carbon - Based Supercapacitors Produced by Activation of Graphene. Science, 2011, 332: 1537-1541.

[42] Cai D. D., Wang S. Q., Ding L. X., Lian P. C., Zhang S. Q., Peng F., Wang H. H. Superior cycle stability of graphene nanosheets prepared by freeze-drying process as anodes for lithium-ion batteries. Journal of Power Sources, 2014, 254: 198-203.

[43] Yan J., Wang Q., Wei T., Jiang L., Zhang M., Jing X., Fan Z. Template-Assisted

Low Temperature Synthesis of Functionalized Graphene for Ultrahigh Volumelric Performance Supercapacitors. Acs Nano, 2014, 8: 4720-4729.

[44] Kierzek K., Frackowiak E., Lota G., Gryglewicz G., Machnikowwski J. Electrochemical capacitors based on highly porous carbons prepared by KOH activation. Electrochim Acta, 2004, 49: 515-523.

[45] Li Z., Xu Z. W., Wang H. L., Ding J. Zahiri B., Holt C. M. B., Tan X. H., Mitlin D. Colossal pseudocapacitance in a high functionality - high surface area carbon anode doubles the energy of an asymmetric supercapacitor. Energy & Environ Science, 2014, 7: 1708-1718.

[46] 陈晓妹，刘亚菲，胡中华，杨静．高性能炭电极材料的制备和电化学性能研究．功能材料，2008，39：771-775.

[47] Fan Z. J., Qi D. P., Xiao Y., Yan J., Wei T. One-step synthesis of biomass-derived porous carbon foam for high performance supercapacitors. Materials Letters, 2013, 101: 29-32.

[48] 徐斌，彭璐，王国庆，曹高萍，吴锋，杨裕生．高功率超级电容器用介孔炭电极材料．电化学，2009，15：9-12.

[49] Wang Q., Yan J., Wei T., Feng J., Ren Y. M., Fan Z. J., Zhang M. L., Jing X. Y. Two-dimensional mesoporous carbon sheet-like framework material for high-rate supercapacitors. Carbon, 2013, 60: 481-487.

[50] Ania C. O., Khomenko V., Raymundo-Pinero E., Parra J. B., Beguin F. The large electrochemical capacitance of microporous doped carbon obtained by using a zeolite template. Advanced Functional Materials, 2007, 17: 1828-1836.

[51] Zheng G. Y., Cui Y., Karabulut E., Wagberg L., Zhu H. L., Hu L. B. Nanostructured Paper for Flexible Energy and Electronic Devices. MRS Bulletin, 2013, 38: 320-325.

[52] Kaempgen M., Chan C. K., Ma J., Cui Y., Gruner G. Printable Thin Film Supercapacitors Using Single-Walled Carbon Nanotubes. Nano Letters, 2009, 9: 1872-1876.

[53] Niu Z. Q., Luan P. S., Shao Q., Dong H. B., Li J. Z., Chen J., Zhao D., Cai L., Zhou W. Y., Chen X. D., Xie S. S. A "Skeleton/Skin" Strategy for Preparing Ultrathin Free-Standing Single-Walled Carbon Nanotube/Polyaniline Films for High Performance Supercapacitor Electrodes. Energy & Environmental Science, 2012, 5: 8726-8733.

[54] Meng C. Z., Liu C. H., Chen L. Z., Hu C. H., Fan S. S. Highly Flexible and All-Solid-

State Paperlike Polymer Supercapacitors. Nano Letters, 2010, 10: 4025-4031.

[55] Niu Z. Q., Chen J., Hng H. H., Ma J., Chen X. D. A Leavening Strategy to Prepare Reduced Graphene Oxide Foams. Advanced Materials, 2012, 24: 4144-4150.

[56] Hu L. B., Pasta M., Mantia F. L., Cui L. F. Jeong S. Deshazer H. D., Choi J. W., Han S. M., Cui Y. Stretchable, Porous, and Conductive Energy Textiles. Nano Letters, 2010, 10: 708-714.

[57] Jost K., Stenger D., Perez C. R., McDongugh J. K., Lian K., Gogotsi Y., Dion G. Knitted and Screen Printed Carbon-Fiber Supercapacitors for Applications in Wearable Electronics. Energy & Environmental Science, 2013, 6: 2698-2705.

[58] Niu Z. Q., Dong H. B., Zhu B. W., Li J. Z., Hng H. H., Zhou W. Y., Chen X. D., Xie S. S. Highly Stretchable, Integrated Supercapacitors Based on Single-Walled Carbon Nanotube Films with Continuous Reticulate Architecture. Advanced Materials, 2013, 25: 1058-1064.

[59] Zhang N., Luan P. S., Zhou W. Y., Zhang Q., Cai L., Zhang X., Zhou W. B., Fan Q. X., Yang F., Zhao D., Wang Y. C., Xie S. S. Highly Stretchable Pseudocapacitors Based on Buckled Reticulate Hybrid Electrodes. Nano Research, 2014, 7: 1680-1690.

[60] Yang Z. B., Deng J., Chen X. L., Ren J., Peng H. S. A Highly Stretchable, Fiber-Shaped Supercapacitor. Angewandte Chemie-International Edition, 2013, 52: 13453-13457.

第6章　三维碳纳米材料在锂离子电池中的应用

6.1　引言

目前风能、水能、核能等各种新能源的研究正如火如荼地展开，电能虽然不是可以从自然界中直接获得的一次能源，但是其易于使用、传输、储存的优点使得电能储存装置的研究成为新能源研究中一个不可忽视的领域。锂离子电池(Lithium Ion Battery，LIBs)由于具有较高比容量、高开路电压、环境友好无污染、快速充放电和较长循环寿命的优点，因而在许多领域得到了广泛关注和应用。正因如此，自1992年日本索尼公司率先实现锂离子电池的商用化以来，锂离子电池已经在上到航空航天，下到被各类便携式电子设备等不同领域中得到广泛应用。随着技术进步外加国家节能减排的政策要求，锂离子电池开始逐渐走进到混合动力电动汽车、纯电动车和智能电网等新领域的应用。

虽然特斯拉等电动汽车的问世证明了锂离子电池已经初步达到了电动车的要求，但是其在充电速度、续航里程等关乎汽车使用的硬指标上与传统的燃油汽车相比仍然有着巨大的差距。同样的，目前随着手机功能的增加和尺寸的减小，如何在狭小空间下保持电池的续航能力和电池的稳定性也正成为被厂商和消费者日益关注的问题。因此为了满足便携式设备和电动汽车对能源存储设备的可快速充放电、高安全性等的更高要求，开发价格低廉、循环寿命长、高能量密度的锂离子电池成为未来锂电池发展的必然趋势。

6.2 锂离子电池

6.2.1 锂离子电池结构

锂离子电池是由负极材料、隔膜、正极材料、电解液、集流体以及正负极电池壳等组成。其中，正负极材料的可脱嵌锂量直接决定了电池的能量密度、循环寿命以及比容量等电化学性能。因此，寻找具有高比质量能量密度和高比体积能量密度的正负极材料是制备出具有高电化学性能电池的关键所在。正极材料通常采用电势较高且含锂的过渡金属氧化物，如 $LiCoO_2$、$LiFePO_4$ 及其他们的衍生金属氧化物材料等，工作电压平台在 3.3~4.0V 范围内；负极材料一般采用能够大量储锂且电极电势较低的材料。近年来，国内外科研人员研究较多的锂离子电池负极材料主要有：碳材料(碳纳米管、石墨烯以及碳纤维等)、过渡金属化合物(氧化物、硫化物、磷化物以及硒化物等)、硅基材料和锡基材料等；集流体的作用主要是负责电子的传导和接受，一般正极材料会选用铝箔作为集流体，负极材料的集流体会选择铜箔，两者不可混用；电解液作为一种媒介能够与正负极材料直接接触，且不与正负极材料发生反应，同时还要满足安全环保的条件。常用的电解液是由溶质和有机溶剂两部分组成，溶质一般为 $LiPF_6$、$LiBF_4$ 和 $LiClO_4$ 等锂盐；有机溶剂为碳酸乙烯酯(EC)、碳酸丙烯酯(PC)、碳酸二甲酯(DEC)以及碳酸二乙酯(DC)等酯类化合物；而隔膜则是主要负责阻止正负极的接触并且让锂离子联通的高分子薄膜。用于科学研究和商业的隔膜主要以聚丙烯膜(PP)和聚乙烯膜(PE)为主。

6.2.2 锂离子电池工作原理

锂离子电池主要是通过锂离子在正负两极间反复移动来实现充放电的过程。电池在充电过程中，锂离子从正极材料里面脱出，通过电解液穿过隔膜到达负极，锂离子在负极得到一个电子被还原成金属锂后向负极晶格中嵌入并储存在负极材料中。电池在放电过程中，金属锂会失去一个电子而成为锂离子，锂离子进入电解液，穿过隔膜向正极方向迁移并储存在正极材料中。基于其工作特点，锂离子二次电池又被称为“摇椅式电池(Rocking-chair-Batteries)”。以典型的商业化锂电池为例，负极材料采用的是石墨(C，372mA · h/g)，正极材料采用的是钴酸锂($LiCoO_2$，274mA · h/g)，其充、放电过程示意如图6.1所示。

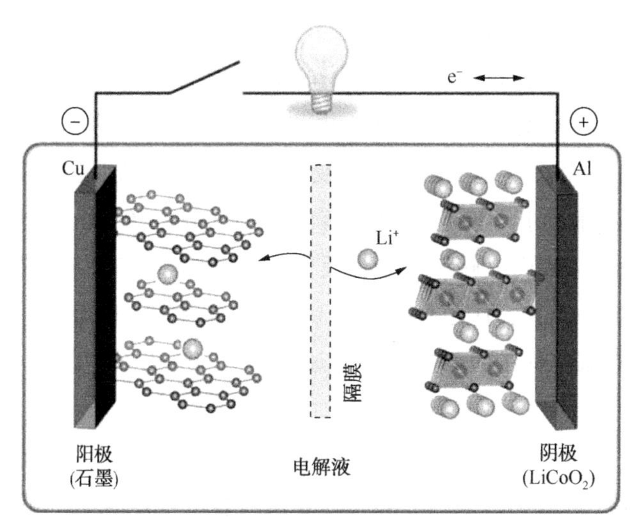

图6.1　锂离子电池的充、放电过程示意

6.2.3　锂离子电池电化学过程

锂离子电池储能技术涉及物理学、化学和材料科学等多学科。深入理解锂离子充放电过程中的电化学机理对于指导、优化设计、构筑高性能电极材料，并进一步提升诸如循环耐久性、倍率性和安全性等具有十分重要的科学意义。

锂离子电池工作中所涉及的物理学原理主要用固体物理学来解释，为了让 Li^+ 在充放电循环过程中稳定有序的运动，这就需要有像石墨一样的层状或其他有序的固化结构为 Li^+ 的输运提供通道。锂离子电池充电时，Li^+ 向负极运动，有序地穿插进入负极活性材料结构的空隙，晶格结构发生膨胀。由于 Li^+ 的嵌入需要由主体晶格进行相应的电荷补偿以维持电中性，主体材料的能带变化可以实现这种电荷补偿，电导率在 Li^+ 嵌入前后会发生变化[1]。这种穿插行为在嵌入物理中被命名为“嵌入”(Intercalation)，即可移动的客体粒子(离子、分子、原子)可逆地嵌入具有合适尺寸的主体结构空位中，与其相反的过程被称为“脱嵌”(Deintercalation)。对于正极材料而言，它是锂源的提供者，理论上越多的 Li^+脱嵌就会提供越高的可逆容量，但为了维持主体晶格的稳定并防止结构坍塌，通常仅有部分 Li^+脱嵌。为了实现正负极活性材料的结构稳定，一般会选择 Li^+嵌入反应自由能变化较小、固态结构中有较高的离子扩散速率和热力学稳定的材料。

根据电化学理论描述，在电化学体系有两个非同类导体之间的电荷转移并在两相界面发生的化学反应，称为电极反应。电子导体和与之接触的离子导体之间的界面就是电极表面，电极反应具有表面反应特点。因此，电极表面状态对电极材料电化学反应的进行有着重要影响。当电极与电解液接触时，电极表面电荷能够吸引电解液中的相反电荷，并调整溶剂中的偶极子在电极/电解液界面形成一层电荷(也称双电层)，而电极反应能量势垒(电化学反应活化能)就位于这层电荷中，因此离子通过该电层的能力成为限制电极反应动力学的主要因素[2]。

根据电极反应过程学分析，电极反应过程受液相传质步骤、电子转移步骤或新相生成步骤影响，也可能同时存在反应粒子在电极表面的络离子配位、表面吸附这样的前置转化步骤以及离子的解吸、歧化、复合、分解等转化步骤[3]。一般而言，可以用表示异相反应速度的方法来表示电极反应的速度。单位时间单位面积参加反应的物质数量就是电化学反应速度。在电化学中，电化学反应速度就是电流密度的同义词。在连续进行的电极反应过程中，电化学反应过程的速度在稳态条件下，总是与其中最慢的过程步骤速度相等，这就称为电极过程的速度控制步骤，通过实验确定并提升影响电极反应过程最慢步骤的速度就能提升电极过程的整体反应速度。为了使电极反应在要求的速度下进行，必须增加电极过程的推动力，即需要一定的过电位[4]。过电位根据电极反应过程步骤分为：由电子转移步骤控制引起的电子转移过电位；由液相传质步骤控制引起的浓度过电位；由表面转化步骤控制引起的反应过电位；由原子进入电极晶格引起的结晶过电位。

6.2.4 影响电化学性能的关键因素

能量是指电池在一定充放电条件下对外做功所输出的电能。电池的能量密度是能量除以电池的单位体积或单位质量，它是衡量电池性能最重要的指标之一。电池的理论能量密度也被定义为实测开路电压与电池理论比容量的乘积，通常用 W·h/L 或 W·h/kg 表示。

电极材料的循环服役寿命是衡量锂离子电池安全和可靠性能优劣的重要指标参数，与活性材料的结构密不可分。一方面，根据锂离子电池电化学过程中对其充放电的嵌入和脱嵌行为的阐述，正负极材料作为宿主结构最大程度地允许客体粒子高可逆性运动且保证晶格的稳定，是选择电极材料的重要依据。另一方面，对于绝大多数锂离子电池负极材料而言，它们普遍受电极/电解液接触界面形成的固体电解质界面膜(Solid Electrolyte Interface，SEI)对电极循环稳定性和电极反应动力学产生的影响。SEI 膜是在电化学反应初期，电极/电解液界面的 Li^+ 与电解液中的溶剂分子等发生的不可逆化学反应，同时这个相界面形成的一层含有无机和有机分解产物的钝化膜。它能够有效防止电极材料与电解液发生的溶剂分子共嵌入对电极结构稳定性的破坏。由于 SEI 膜具有优良的 Li^+ 传导而电子绝缘功能，因此 Li^+ 穿过位于 SEI 膜中电极反应能量势垒的能力强弱是电极反应动力学的判据[5]。SEI 膜敏感的化学性质和复杂的化学成分以及缺乏高精度的原位表征工具，直到今天，仍然有大量关于 SEI 膜的新模型构建、表征工具开发以及性能研究正在进行，帮助我们更深入地了解发生在电极/电解液界面的这一复杂过程。

综上所述，电极材料的循环稳定性和功率密度主要受到电极材料结构、电子迁移速率和离子扩散速率的影响，电极材料的结构优化设计、添加导电剂或碳包覆在提升电池循环可靠性和实现电池快充方面具有重要的学术意义和实用价值。

6.2.5 锂离子电池负极材料

负极材料的选择直接影响了锂离子电池电化学性能的优劣。因此，作为电池负极材料必须满足以下几个要求：

① 具有较高的储锂比容量和电化学可逆性能。

② 理想的负极材料氧化还原电位应该尽可能低。电池体系的输出电压在一定程度上是由负极材料氧化还原电位的高低决定的，而电池体系的输出电压最终影响了电池功率的大小。

③ 结构稳定。在反复的脱嵌锂过程中负极材料的结构基本保持不变，以确保电池具有良好的电化学稳定性。

④ 化学稳定性好。负极材料在电解质溶液中不具有可溶性，且不与电解质中的盐或溶剂发生副反应。

⑤ 具有较高的离子迁移率和电子导电率，以降低极化的影响，提高电池的快速充放电能力。

⑥ 负极材料制备工艺相对简单易控、价格低廉以及对环境无污染等优点，便于实现锂离子电池负极材料的大规模生产。

目前，研究较多锂离子电池负极材料主要分为以下三类：以石墨和 $Li_4Ti_5O_{12}$ 为代表的嵌入式负极材料；合金型负极材料，如 Sn、Si、Ge 等；转换反应型负极材料，如金属氧化物、硫化物、磷化物等。

6.2.5.1 嵌入/脱嵌电化学反应

碳(C)元素是生命的基础，大自然通过碳元素构筑了丰富多彩的碳基生命。金刚石、石墨、富勒烯、蓝丝黛尔石、无定形碳和碳纳米管(Carbon Nanotube，CNT)均为碳的同素异构体。由于这些材料在比表面积、有序程度、表面官能团、微观结构等方面"秉性各异"，因此，电化学性能表现各不相同。石墨是最典型的嵌入/脱嵌反应负极材料，锂嵌入石墨层间相间晶格形成石墨层间化合物(Graphite Intercalated Compound，GIC)，其最大嵌锂结构为 LiC_6，对应理论比容量 372mA·h/g，嵌锂电位在 0.05~0.2V(vs Li^+/Li)，首周库伦循环效率可达 95%。

石墨主要包括由非取向的石墨微晶组成的天然石墨和以焦炭添加沥青混合成型的人造石墨两类。天然石墨较大的晶粒尺寸，易产生电解质溶剂共嵌入，导致石墨层间结构崩塌。而人造石墨相对较小的晶粒尺寸不仅可以缓解溶剂共嵌入效应，并且晶粒细化产生的多位错和晶界结构为 Li^+ 迁移提供的输运通道增强了倍率性能。倍率是表示电池充放电快慢的量度，指在规定时间放出电池额定容量所输出电流值的比率，数值与电池额定容量的倍数相等。常采用表面处理、元素掺杂等方法对石墨的电化学性能进行改善。Lim 等以沥青为前驱体合成出石墨多孔材料，Li^+ 扩散速率($10^{-9}cm^2/s$)高于商业化石墨两个数量级，比容量(359.9mA·h/g)接近理论值[6]。石墨毫无疑问是目前最成功的便携式电子产品负极材料，但其相对较低的比容量已限制了它在高能量密度储能领域的继续发展。

1985 年美国科学家 Smalley 发现了迄今为止分子结构对称性最强的物质 C_{60}，也被称为富勒烯或足球烯，它是由 20 个六元碳环和 12 个五元碳环构成的 32 面体[7]。一个碳原子与其相邻的三个碳原子以 $sp^{2.28}$杂化形成 σ 键，以 $s^{0.09}p$ 杂化形成 π 键构成 C_{60}分子结构，分子间通过范德华力相互凝聚[8]。富勒烯储锂性能有限，可逆容量仅为 100mA · h/g[9]，并不适合用作锂离子电池负极材料。关于 C_{60}电化学性能的报道也并不多见。然而，碳纳米管的发现与 C_{60}有最直接的关系。1991 年，日本 NEC 实验室的饭岛纯雄(Lijima)首次用高分辨电镜在电弧蒸发制备 C_{60}的阴极沉积物中观察到了直径不足 30nm 的多层同轴碳纳米管(也称巴基管)，这个发现很快被发表在《Nature》杂志并引起了科学界的轰动。CNT 由 sp^2杂化的 C—C 共价键合，单层石墨烯片卷曲而成，根据结构可分为单壁纳米管和多壁纳米管。CNT 奇异的电学特性引起了锂离子电池材料研究者的极大兴趣，主要因为 CNT 中大量的拓扑学缺陷，譬如在 CNT 端部由缺陷引起的维度弯曲，使电荷传输呈现出更大的传递速率，由表面缺陷导致的反应活性增加，以及受量子效应影响，CNT 的禁带宽度(能隙)可以随结构变化调节，表现出金属、半导体的导电特性[10-12]。Zheng 等用 CNT 作为锂离子电池负极材料时，展示出 240mA · h/g 的可逆容量，并通过改进的 Hummers 法将多壁碳纳米管短切至 200nm 同时引入含氧官能团，首次库伦效率由 35%增加至 53%，100 次循环可逆容量达到 340mA · h/g[13]。Pan 等设计了一种 CNT 和氮掺杂石墨烯(Graphene)同轴芯@壳复合锂离子电池负极材料。随着电流密度从 0.1A/g 增加到 2A/g，放电容量从 635mA · h/g 衰减到 355mA · h/g，当电流密度恢复 0.1A/g 时，放电容量达到 540mA · h/g[14]。他提出 CNT 与 Graphene 之间的空心结构能够有效储锂，是可逆容量较高的主要原因。但也有研究表明，CNT 表面过量的缺陷设计将会导致库伦效率降低和电压迟滞[15,16]。

2004 年英国物理学家 A. Geim 和 K. Novoselov 通过机械剥离法成功地从石墨中分离出 Graphene，以此获得了诺贝尔物理学奖。Graphene 具有 sp^2杂化碳原子连接构成的单片层六角蜂巢结构，它奇异的物理化学特性包括高热导率 5300W · m/K 和载流子迁移速率 $2.5\times10^5 cm^2/(V \cdot s)$，极低的电阻率 $10^{-6}\Omega/cm$，较大的比表面积 $2630m^2/g$，引起了化学、物理、材料等领域学者的广泛关注[17-19]。Li^+既可以存储在 Graphene 的片层，也能在单层 Graphene 的边缘、缺陷处实现存储；Graphene 的微观缺陷、表面官能团、层数的调控均能展示出电化学性能的差异。Graphene 除了与 Li^+ 发生嵌入/脱嵌反应，还兼具一定的无定形碳储锂性能，其单体储锂特点是比容量高、充放电速率快，但库伦效率低、容量衰减严重，原因在于 Graphene 缺陷处的含氧官能团与 Li^+ 间的化学副反应导致不可逆容量的增加[20]。这在 Matuso 等用氢原子替代大量氧原子时，所测得的放电容量和库伦效率均有提高的研究中得到证明[21]。在负极材料方面常用作与金属氧化物和其他维度的碳纳米材料复合，以提高其比表面积利用率，增加储锂反应活性位点，改善复合电极材料的载流子输运性能。中科院刘兆平课题组利用金属刻蚀工艺实现了石墨烯基面的造孔，表现出优异的循环容量(在 5A/g 电流密度下循环 100 次，可逆容量接近 300mA · h/g)[22]。Zhu 等制备出三维多孔的 Graphene 微球负极材料，在 0. 1A/g 的电流密度下初始放电和充电比容量为 851mA · h/g 和 402. 4mA · h/g，以 2A/g 的电流密度循环 500 次后仍具有 245. 8mA · h/g 的可逆容量，其特殊的微/纳空心结构是储锂容量高的根本原因[23]。

碳纳米纤维是具有一定缺陷和无序结构的碳材料，这种邻近碳层的无序堆积也被称为“湍层无序层”，具有比石墨更优异的储锂性能。然而，由于其结构的多样性，碳纳米纤维的脱嵌锂机制一直处于争议当中。这其中，Sato 等通过 Li-NMR 核磁共振谱分析推测热解聚对苯乙烯碳的高比容量，是因为当 Li^+ 嵌入碳层时，共价结合的 Li 分子和离子态锂会同时存在，形成高饱和插入化合物 Li_2C[24]。Wang 等通过分析低温热解酚醛树脂碳的拉曼光谱特征，建立了充放电时的晶体结构变化模型，在此基础上提出“层-边端-表面”协同储锂机制。由于低温热解导致了六角网格石墨边缘处存在大量的悬键，这些不饱和键容易和邻近 H 原子以 C—H 键键合，充电时，C—H 键会伴随大量 Li^+ 嵌入碳层而发生断裂，为 Li^+ 与 C 原子的反应提供了新的活性位点，这也是无定形碳往往比石墨表现出更高比容量的原因[25]。综合以上分析，无定形碳储锂并不仅仅是简单的脱嵌锂反应，而是一个包含与较大活化能相联系的复杂反应过程。

6.2.5.2 转换反应

由于 Co、Ni、Mn 等氧化物并不具有供 Li^+ 自由脱/嵌的通道，也不能发生锂合金化反应，长期以来一直被认为不适合做锂离子电池的电极材料。直到2000年，Poizot发现了过渡金属氧化物(Transition Metal Oxides，TMOs)能够与Li^+发生可逆的反应，而且在多次循环后依然保持比较高的可逆容量，因此受到极大的关注[26]。

转换反应机制(Conversion Reaction Mechanism)储锂，是指在放电条件下，随着Li^+与阴离子反应形成相应的锂盐，同时金属氧化物得到电子原位还原成金属纳米晶单质。充电条件下，发生氧化反应的金属纳米晶失去电子转变为金属阳离子，与锂盐中的阴离子结合恢复原状。这种体系的可逆性是由电化学驱动而存在的，金属的还原态和氧化态之间的吉布斯自由能差是驱动力的本质。过渡金属氧化物是转换反应储锂最具代表性的材料，M_nX_m和Li^+之间发生氧化还原反应，其中M为过渡金属元素，包括Fe、Ni、Co、Mn、Cu等，X为非金属或聚阴离子，如O、S、Se、Te、PO_4^{3-}等。金属阳离子在被还原成金属单质时伴随多个电子转移，从而保证高的理论容量(约400~1200mA·h/g)。虽然在热力学上金属单质M和Li_aX反应生成金属氧化物M_nX_m同时放出Li^+这个过程是可行的，但由于动力学原因这种可逆反应很难发生。事实证明在纳米尺度的单质M能够催化Li_aX发生分解反应，当过渡金属材料的尺寸降低至纳米尺度时，由表面效应和小尺寸效应引起的表面自由能增加，催化了电化学惰性物质Li_aX的活性。

尽管TMOs负极材料具有超过石墨负极2倍左右的理论容量，但想要替代石墨进一步发展仍需要克服一些问题。一般地，TMOs属于本征半导体材料，由于其电导率低，在高倍率充放电时，电子迁转速率和活性物质内部Li^+迁移速率小于表面发生的电化学反应速率，这种由电子/离子传输迟滞引起的电极极化现象导致材料的倍率性能并不理想[27]。其次，在Li^+首次嵌入过程中，电解液在电极材料与电解液接触的表面发生分解形成的SEI膜消耗了一定量的Li^+，导致首次不可逆容量的增加。TMOs材料与Li^+反应的电化学过程也是其不同相之间可逆价态的转变过程，同时伴随Li^+嵌入/脱嵌的TMOs材料会发生体积膨胀和收缩应变，易导致电极/电解液接触面的SEI膜开裂破损，裸露的电极表面会重构SEI膜，电解质的过渡分解导致可逆容量和循环稳定性的严重衰减[28]。因此，大量的研究工作也集中在优化设计材料结构，提升电导率和离子迁移速率。

Li 等合成出孔径为 38nm 的多孔 NiO 纳米棒负极材料在 100mA/g 的初始放电比容量为 743mA · h/g，达到传统石墨负极的 2 倍[29]。Guo 等采用热解和氧化法将中空 TMOs 纳米颗粒封装在硼氮共掺杂石墨的纳米管中构成 MO@ BN (MO = CoO、Ni_2O_3和 Mn_3O_4)[30]。CoO@ BNG 纳米管以 96mA/g 电流密度放电比容量达到 1554mA · h/g，且具有良好的倍率性能(1. 75A/g/410mA · h/g) 和出色的循环稳定性。此外，一些过渡金属硫化物、金属有机框架化合物等也用来作为锂离子电池负极材料。

6. 2. 5. 3　合金化反应

合金/去合金化反应机制(Alloying/Dealloying Meachanism) 储锂，是指在放电条件下，从正极脱出的 Li^+经电解液在负极发生锂合金化(锂化) 反应生成金属间化合物 Li_xM(M = Si、Sn、Ge 等)，充电时金属间化合物失去 Li^+发生去锂化反应从而实现可逆储锂的过程。

Si 负极材料的理论比容量(室温条件: $Li_{15}Si_4$3590mA · h/g) 是传统石墨负极材料的 10 倍，资源储量丰度位列第二。20 世纪 70 年代，Si 与 Li 发生的锂化反应激起了研究者的浓厚兴趣。Lai 等采用锂硅(Li_xSi) 合金取代金属 Li 将其应用于 Li_xSi/FeS_2高温熔盐锂热电池中[31]。1995 年，Wilson 等才将 Si/C 复合材料应用于室温锂离子电池[32]。

近年来，随着人们对直接消费能源的品位追求越来越高，迫使锂离子电池向更高能量密度方向发展，Si 成为最具发展潜力的负极材料而受到研究者前所未有的热切关注。尽管 Si 具有超高的理论比容量，但 Si 材料泛泛的动力学性能和电化学循环中比容量快速衰减、循环服役寿命短等问题都严重限制了其本身在高性能锂离子电池中的应用。这是因为 Si 在锂合金化(嵌锂) /去锂化(脱锂) 过程时，发生约 300% ~400% 的体积膨胀和收缩，这些极端的体积变化极易导致电极开裂和粉化。Lee 等利用原位电镜技术和理论建模研究认为晶体 Si 的锂化反应速率具有晶面各向异性[33]。Yang 等对晶体 Si 不同晶面方向的 Li^+流进行研究，也发现沿(110) 面的 Li^+流为主导反应方向[34]。嵌锂反应导致 Si 的体积膨胀主要影响有: ①循环充/放电过程电极结构逐渐粉化开裂使活性物质从集流体剥离而失去电化学活性导致循环稳定性变差; ②活性物质膨胀由界面应力导致 SEI 膜破碎-重构对电解液和 Li^+的过量消耗导致比容量降低。解决上述问题的关键需要对 Si 合金化反应储锂机制加以解析。

降低放电截止电压，可逆反应会有更多的 Li^+扩散至内核晶态 Si，最终导致晶态 Si 粒子全部转变为嵌锂态的 Li_xSi 合金，这一过程相比于原始晶体 Si 的体积膨胀约 300%。这是导致 Si 负极材料电化学性能不佳的重要原因。但合金型负极材料的高比容量在众多锂离子电池负极材料中仍有明显优势。到这里可看出，对于 Si 负极材料的储锂机制研究已经相当深入，同时，研究也正在尝试采用新颖的电极结构设计、纳米化电极制备以及碳包覆等手段对其性能进行改进。

Wang 等报道用镁热还原法制备了单分散多孔纳米 Si，相比于球形纳米 Si 具有充足的应力扩展空间，循环伏安结果证实球形纳米 Si 的电化学响应明显小于多孔纳米 Si，这是因为电解液对球形颗粒的浸润性差导致的[35]。多孔纳米 Si 负极材料在 0.5C 倍率下循环 500 次可逆容量仍保持在 1500mA · h/g。特别地，他还提出过高的比表面积设计将不利于容量的进一步提升，由于高比表面积导致 SEI 膜形成消耗了过量的电解质反而会造成可逆循环容量的衰减。因此，可控的多孔结构设计是制备多孔材料提升电化学性能的关键。Chen 等利用石墨烯自组装结合水热法制备了一种类似于三明治结构的 Si/CNFs@ rGO 材料，CNFs 和 rGO 良好的机械性能协同抑制了 Si 颗粒的体积膨胀从而提升了电极结构稳定性，在 0.1A/g 的电流密度下循环 130 次后容量保持在 1055.1mA · h/g，高导电性材料的复合使其在 5A/g 放电时具有 358.2mA · h/g 的可逆比容量[36]。进一步提升电极可逆容量和循环稳定性的策略应设计不再囿于 Si/CNFs表面复合的 rGO，而是转向 rGO 在 Si/CNFs 的插层结构设计。

可见，为了消除化石能源消费引发的环境危机，同时又要在改善人们生活基本用电质量及拓宽在国防科技领域实际应用范围，LIBs 储能技术所面临的最大科学挑战就是如何在进一步提升能量密度同时又保证锂离子电池具备优异的循环服役寿命和功率密度。目前对于 LIBs 负极材料的研究主要包括两部分内容：一部分是基于对不同材料的复杂储能机理进行深入研究，不断开拓新材料体系，探索储能机理与电化学性能之间的内在关联。另一部分研究侧重于通过精细表征手段对现有负极材料的结构、表面形貌进行分析，研究经不同方法修饰材料结构对其性能产生的影响规律。这两方面的工作是并行的。事实上，研究者已提出，包括对材料结构在纳米尺度相互作用表现出的新颖物理、化学特性研究，开发碳质柔性主体结构提升电子和离子迁移速率，调控已有电极/电解液界面化学相互作用，从而稳定材料结构和提升电极反应动力学方法在内的一系列重要措施。高性能 LIBs 负极材料的研究无论是新体系的开发，还是新结构的设计都取得了重要的研究成果，但迄今为止，能够真正实现商用的高储能密度兼具高安全性能的锂离子电池负极材料并不多，研究者们相信锂离子电池负极材料的新结构和新体系探索，仍然是化学电源储能领域的研究热点和前沿。

6.3 三维碳纳米材料用作负极材料

6.3.1 基于三维碳纳米管负极材料

碳纳米管(CNT)是通过自组装单向生长过程合成的具有高度有序的碳纳米结构材料。根据厚度和同轴层数，CNT 有单壁碳纳米管(SWCNT)和多壁碳纳米管(MWCNT)两种类型。碳纳米管具有优异的导热和导电性能、吸附和传输性能，以及机械性能。自 1991 年发现以来，SWCNT 和 MWCNT 都被作为负极材料进行了广泛的研究。由于碳纳米管的特殊结构，嵌锂机制不再局限于 LiC_6。Shimoda 等[37]提出了碳纳米管的 LiC_3机理，使得碳纳米管的储锂容量从理论上有了极大的提升。通过原子沉积的方式在表面沉积 10nm 厚的 $A1_2O_3$的 MWCNT，在 372mA/g 的电流下充放电循环 50 圈之后，仍然可以具有 1000mA · h/g 的可逆容量，这是 MWCNT 迄今为止最高的记录[38]。

研究发现碳纳米管的完整程度对其容量的影响也是很大的，特别是当碳纳米管存在缺陷(酸处理如硝酸或者球磨的方法实现)时，这些管壁上留下的孔洞让锂离子可以更快地在碳纳米管内外进行扩散以及嵌入和脱出，从而提高了容量[39,40]。当碳纳米管没有缺陷，或者只有 7 层、8 层碳管的时候，锂离子很难扩散到碳管内部。而当碳管具有 9 层且存在缺陷时，锂离子会很轻易进入碳管。另外，当锂离子一旦进入碳管内部就会在里面进一步游离并吸附在碳管内壁上，说明锂离子可以在碳管里面发生积累。同时，在碳纳米管上引入缺陷提升了材料的可逆容量，也增加了其不可逆损失。这就是说，锂离子在碳管中先进行储存然后释放出来，实现充放电过程，而过多的缺陷会导致锂离子在第一圈放电过程中过量储存，而在以后的循环中得不到释放，造成永久性的容量损失。但是碳纳米管由于被发现得较晚，生产技术还不够成熟，如管直径、碳管层数、长度、缺陷的程度等这些对储锂性质具有较大影响的参数还不能非常好的控制。目前，碳纳米管存在另外一个问题，即可逆容量。特别是在第一圈循环中，锂离子嵌入到碳管的数量比脱出的多，导致容量的不可逆的损耗。石墨负极也存在这个问题，但纳米碳管更加严重。此外，纳米碳管在放电过程中没有明显的放电平台，具有很宽泛的放电电压，这使碳纳米管在一些需要稳定电压的设备上的使用受到了限制。

6.3.2 基于三维石墨烯负极材料

石墨烯是一种具有单层原子厚度的二维蜂窝状材料。最初是通过机械的办法从层状结构的石墨中剥离出单层结构而获得。石墨烯除了继承石墨的优良电学性能，还被发现有许多其他的特性。从 1987 年石墨烯的概念被提出，该材料在化学、物理、生物以及工程科学等许多领域表现出极其出色的特性和功能，而且基于石墨烯材料的研究不断在各个领域中涌现出新的突破[41]。石墨烯具有非常完美的 sp^2碳晶格排列，即使在室温下，也具有非常快的电子传输能力。最近的研究表明，石墨烯表现出独特的电子行为，如室温下的霍尔效应。另外石墨烯具有很高的杨氏模量和拉伸应力，具有抗高温和抗高压的稳定性。石墨烯因其片层纳米结构具有非常大的比表面积，这有利于锂离子与其充分接触反应，使得石墨烯有希望在锂离子电池领域实现应用。Dahn 等[42]和 Suzuki 等[43]先后通过建立模型以及理论计算的方式探究了石墨烯的储锂机制，指出石墨烯的储锂机制同其他碳质相似，充电时，Li^+从正极脱出经过电解质嵌入碳材料层间形成 Li_2C_6结构；放电时，Li^+从负极材料中脱出回到正极。然而由于其特殊的二维结构，当石墨烯片层间距大于 0.77nm 时，其片层两面都能储存 Li^+，形成 Li_2C_6结构，而且由于石墨烯的褶皱形成的空隙也可以储锂，因此其理论储锂容量极有可能超过石墨的两倍，即高于 744mA · h/g。另外，石墨烯多为微纳米尺寸，远小于体相石墨，使得 Li^+的扩散路径变短，石墨烯的层间距通常也远远大于石墨，也为 Li^+的传输提供了更多的通道。因此较之石墨，以石墨烯为负极更有利于提高电池性能。

石墨烯可以直接作为负极材料用于锂离子电池，Yoo 等[44]首次报道了以石墨烯作为锂离子电池负极材料的研究，结果显示在 0.05A/g 的电流密度下，其首次可逆容量可达540mA·h/g，高于相同条件下石墨的容量(约为310mA·h/g)，但是石墨烯的衰减幅度要明显高于石墨。这可能是由于石墨烯在制备和应用的过程中容易发生堆叠，致使其高导电性和高比表面积等优势难以充分发挥。大量的研究结果表明，将石墨烯构建为三维多孔结构，或者在石墨烯中引入其他碳材料，都可以有效抑制石墨烯堆叠，使电池性能得到大幅度提升。

Yang等[45]采用真空抽滤和冷冻干燥相结合的方法得到的多孔的石墨烯薄膜可直接作为锂离子电池负极，不需要任何导电添加剂和集流体，薄膜展示出优异的循环稳定性能。该方法可以有效防止石墨烯堆叠和团聚，所得到的石墨烯膜有更多的褶皱并且比通常真空过滤得到的石墨烯膜有更大的面间距，因此改进了石墨烯薄膜作为锂离子电池负极材料的电化学性能。Wang等[46]利用还原剂——水合肼将GO还原，而后再经过高温热处理得到了大量松散的石墨烯纳米片，这些纳米片卷曲聚结成多孔的花瓣状形貌。在1C的倍率下，首次可逆比容量为650mA·h/g，首次库伦效率为68.8%，经过100次充放电循环后，容量还有460mA·h/g。Feng等[47]设计了一种石墨烯空心球作为锂离子电池负极材料。他们利用硅-介孔硅的纳米球作为模板，制备了石墨烯中空球。石墨烯空心球的外表面具有纳米通道，可使锂离子从不同的方向扩散，而实心的内壁则可以在循环过程中方便地进行电子的收集和运输。这种独特的纳米中空结构同时为锂离子的扩散和电子的运输提供了空间和通道，因此其作为锂离子电池负极材料表现出600mA·h/g的高可逆容量，以及10C倍率下达到200mA·h/g的优异倍率性能。Fan等[48]采用CVD法得到一种多孔的石墨烯，其孔径为3~8nm，这些多孔结构不仅能够使石墨烯表面充分接触电解液，从而减小Li^+与石墨烯间的扩散阻力并缩短Li^+的扩散路径，而且可以为Li^+的存储提供更多的空间。该多孔石墨烯在倍率为0.1C时，比容量高达1718mA·h/g，几乎是石墨的5.3倍。该材料还具备超强的循环性能和倍率性能。作者研究发现石墨烯片中的无序结构和缺陷有利于存储更多的锂离子。纳米多孔的石墨烯结构中存在更多的石墨烯边缘，有利于提高其导电能力，而其介孔结构又能缩短锂离子的扩散路径，从而能获得更好的倍率性能和循环性能。此外，石墨烯的褶皱和卷曲结构还可以为脱嵌锂时产生的体积变化提供缓冲空间。

纯石墨烯材料直接作为锂离子电池负极时普遍存在首次循环库仑效率低、充放电平台较高以及循环稳定性较差等问题。这是因为石墨烯较大的比表面积会导致锂离子与电解质分子在石墨烯表面发生更多不可逆反应。此外，残存的含氧基团与锂离子发生不可逆副反应，填充碳材料结构中的储锂空穴，会造成可逆容量的进一步下降。同时，石墨烯片层极易聚集堆积成多层结构，从而丧失了其优异的储锂能力。而单层或少层石墨烯制备过程繁复、生产成本高，从经济效益角度考虑，也不适宜直接作为负极来应用。

因此，构建具有三维石墨烯包覆结构的复合材料有利于发挥石墨烯与功能材料间的协同效应，使电化学性能得到大幅度提升。利用喷雾干燥法制备浴花形褶皱石墨烯包裹的纳米 Si 粒子复合材料作为锂离子电池负极的研究[49]。该浴花状石墨烯-Si 复合材料在经过 30 次循环后，容量仍然保持在 1500mA · h/g 以上。Kung 等[50]首先采用湿化学法在 GO 中引入许多纳米碳平面缺陷，纳米 Si 和 GO 共抽滤自组装得到了三维有序的复合薄膜材料。这个材料的特点在于构筑了许多碳空位，为原本就具有超强导电性的三维密堆积结构增添了许多新的扩散通道，有效克服由于石墨烯堆叠等引起的高电阻现象，因此更有利于锂离子在该复合材料中的扩散与传输。这个薄膜材料可直接作为自支撑的柔性电极用于锂离子电池的研究，在电流密度高达 1A/g 时，比容量高达 3200mA · h/g，并可以稳定循环 150 次以上。可见，在三维石墨烯中构造纳米孔结构更有利于提升材料的储锂性能。Xiao 等[51]将 GO 和 Si 颗粒混匀后迅速冷冻干燥，再高温热还原，构建了具有三维网络结构的石墨烯包覆 Si 的复合材料 Si—G，得益于石墨烯与 Si 之间的协同效应，该复合材料的电化学性能远远优于纯 Si 颗粒。Chen 等[52]以镍网为基底，采用反复浸涂的方式在镍网上反复沉积 GO 和纳米硅，把 GO 还原后，得到了多层交叠结构复合材料。该电极具有非常优异的循环性能和倍率性能。在倍率为 3C 时循环 300 次后仍然可以释放 780mA · h/g 的容量。多层硅/石墨烯电极可以有效减缓在脱嵌锂过程中的因为体积膨胀/收缩造成的不利影响，而镍网结合多层石墨烯结构也有效提高了材料导电性。作者认为这种多层结构代表了锂离子电池硅基材料的一个显著的进步。

参 考 文 献

[1] 邓龙征．磷酸铁锂正极材料制备及其应用的研究[博士学位论文]．北京：北京理工大学，2014：3-5.

[2] 吴辉煌．电化学．北京：化学工业出版社，2004：253-264.

[3] 张招贤．应用电极学．北京：冶金工业出版社，2005：96-99.

[4] Read J., Foster D., Wolfenstine J., Behl W. SnO_2-carbon composites for Lithium-ion battery anodes. Journal of Power Sources, 2001, 96: 277-281.

[5] Xu K. Electrolytes and interphases in Li-ion batteries and beyond. Chemical Reviews, 2014, 114: 11503-11618.

[6] Lim S., Kim J. H., Yamada Y., Munakata H., Lee Y. S., Kim S. S., Kanamura K. Improvement of rate capability by graphite foam anode for Li secondary batteries. Journal of Power Sources, 2017, 355: 164-170.

[7] Curl R. F., Smalley R. E. Fullerenes. Scientific American, 1991, 265: 54-63.

[8] Krätschmer W., Lamb L. D., Fostiropoulos K., Huffman D. R. Solid C60: A new form of carbon. Nature, 1990, 347: 354-358.

[9] 高博文，高潮，阙文修，韦玮．新型高效聚合物/富勒烯有机光伏电池研究进展．物理学报，2012，61：559-569.

[10] Gao C. Y., Chen G. M. In situ oxidation synthesis of p-type composite with narrow-bandgap small organic molecule coating on single-walled carbon nanotube: Flexible film and thermoelectric performance. Small, 2018, 14: 1703453.

[11] Riehl B., Riehl B., Banks C. A novel CNT anode material for Li battery applications, Meeting abstracts. The Electrochemical Society, 2015 : 519.

[12] Yu S. L., Wang X. P., Xiang H. X., Zhu L. P., Tebyetekerwa M., Zhu M. F. Superior piezoresistive strain sensing behaviors of carbon nanotubes in one-dimensional polymer fiber structure. Carbon, 2018, 140: 1-9.

[13] Zheng D. D., Wu C. X., Li J. X., Guan L. H. Chemically shortened multi-walled carbon nanotubes used as anode materials for lithium-ion batteries. Physica E: Low-dimensional Systems and Nanostructures, 2013, 53: 155-160.

[14] Pan Z. Y., Sun H., Pan J., Zhang J., Wang B. J., Peng H. S. The creation of hollow walls in carbon nanotubes for high performance lithium ion batteries. Carbon, 2018, 133: 384-389.

[15] Mi C. H., Cao G. S., Zhao X. B. A non-GIC mechanism of lithium storage in chemical

etched MWNTs. Journal of Electroanalytical Chemistry, 2004, 562: 217-221.

[16] Eom J. Y., Kim D. Y., Kwon H. S. Effects of ball-milling on lithium insertion into multi-walled carbon nanotubes synthesized by thermal chemical vapour deposition. Journal of power sources, 2006, 157: 507-514.

[17] Yi H., Huang D. L., Qin L., Zeng G. M., Lai C., Cheng M., Ye S. J., Song B., Ren X. Y., Guo X. Y. Selective prepared carbon nanomaterials for advanced photocatalytic application in environmental pollutant treatment and hydrogen production. Applied Catalysis B: Environmental, 2018, 239: 408-424.

[18] Liu Q. H., Yao X. Y., Liu Z. P. Single layer graphene oxide sheets-epoxy nanocomposites with greatly improved mechanical and thermal properties. Advanced Materials Research, 2011, 391-392: 175-179.

[19] Buelke C., Alshami A., Casler J., Lewis J., Al-Sayahi M., Hickner M. A. Graphene oxide membranes for enhancing water purification in terrestrial and space-born applications: State of the art. Desalination, 2018, 448: 113-132.

[20] Wang G. X., Shen X. P., Yao J., Park J. Graphene nanosheets for enhanced lithium storage in lithium ion batteries. Carbon, 2009, 47: 2049-2053.

[21] Yoshiaki M., Junichi T., Katsuki H., Toshiyuki S., Qian C., Yasuharu O., Noriyuki T. Effect of oxygen contents in graphene like graphite anodes on their capacity for lithium ion battery. Journal of Power Sources, 2018, 396: 134-140.

[22] Cao H. L., Zhou X. F., Zheng C., Liu Z. P. Metal etching method for preparing porous graphene as high-performance anode material for lithium-ion batteries. Carbon, 2015, 89: 41-46.

[23] Zhu B., Liu X. X., Li N., Yang C., Ji T. Y., Yan K., Chi H. Y., Zhang X. L., Sun F., Sun D. B. Three-dimensional porous graphene microsphere for high performance anode of lithium ion batteries. Surface and Coatings Technology, 2019, 360: 232-237.

[24] Sato K., Noguchi M., Demachi A., Oki N., Endo M. A mechanism of lithium storage in disordered carbons. Science, 1994, 264: 556-558.

[25] Wang Z. X., Huang X. J., Xue R. J., Chen L. Q. A new possible mechanism of lithium insertion and extraction in low-temperature pyrolytic carbon electrode. Carbon, 1999, 37: 685-692.

[26] Poizot P, Laruelle S, Grugeon S, Dupont L., Tarascon J-M. Nano-sized transition-metal oxides as negativeelectrode materials for lithium - ion batteries. Nature, 2000, 407: 496-499.

[27] Zhao Y. T. , Dong W. J. , Riaz M. S. , Ge H. X. , Wang X. , Liu Z. C. , Huang F. Q. "Electron-Sharing" mechanism promotes Co@ Co_3O_4/CNTs composite as the high-capacity anode material of lithium-ion battery. ACS Applied Materials & Interfaces, 2018, 10: 43641-43649.

[28] Zhu Y. F. , Hu A. P. , Tang Q. L. , Zhang S. Y. , Deng W. N. , Li Y. H. , Liu Z. , Fan B. B. , Xiao K. K. , Liu J. L. Compact-nanobox engineering of transition metal oxides withenhanced initial coulombic efficiency for lithium-ion battery anodes. ACS Applied Materials & Interfaces, 2018, 10: 8955-8964.

[29] Li Q. , Huang G. , Yin D. M. , Wu Y. M. , Wang L. M. Synthesis of porous NiO nanorods as high-performance anode materials for lithium-ion batteries. Particle & Particle Systems Characterization, 2016, 33: 764-770.

[30] Tabassum H. , Zou R. Q. , Mahmood A. , Liang Z. B. , Wang Q. F. , Zhang H. , Gao S. , Qu C. , Guo W. H. , Guo S. J. A universal strategy for hollow metal oxide nanoparticles encapsulated into B/N Co-doped graphitic nanotubes as high-performance lithium-ion battery anodes. Advanced Materials, 2018, 30: 1705441.

[31] Lai S. C. Solid lithium-silicon electrode. Journal of The Electrochemical Society, 1976, 123: 1196-1197.

[32] Wilson A. M. , Way B. M. , Dahn J. R. , Buuren T. V. Nanodispersed silicon in pregraphitic carbons. Journal of applied physics, 1995, 77: 2363-2369.

[33] Lee S. W. , Berla L. A. , McDowell M. T. , Nix W. D. , Cui Y. Reaction front evolution during electrochemical lithiation of crystalline silicon nanopillars. Israel Journal of Chemistry, 2012, 52: 1118-1123.

[34] Liu X. H. , Zheng H. , Zhong L. , Huan S. , Karki K. , Zhang L. Q. , Liu Y. , Kushima A. , Liang W. T. , Wang J. W. Anisotropic swelling and fracture of silicon nanowires during lithiation. Nano Letters, 2011, 11: 3312-3318.

[35] Wang W. , Favors Z. , Ionescu R. , Ye R. , Bay H. H. , Ozkan M. , Ozkan C. S. Monodisperse porous silicon spheres as anode materials for lithium ion batteries. Scientific Reports, 2015, 5: 8781.

[36] Chen Y. L. , Hu Y. , Shen Z. , Chen R. Z. , He X. , Zhang X. W. , Zhang Y. , Wu K. S. Sandwich structure of graphene-protected silicon/carbon nanofibers for lithium-ion battery anodes. Electrochimica Acta, 2016, 210: 53-60.

[37] Liu J. Charging graphene for energy. Nature Nanotechnology, 2014, 9: 739-741.

[38] Park J. , Eom J. , Kwon H. Fabrication of Sn-C composite electrodes by electrodeposition

and their cycle performance for Li-ion batteries. Electrochemistry Communications, 2009, 11: 596-598.

[39] Zhao L. Z., Hu S. J., Ru Q., Li W. S., Hou X. H., Zeng R. H., Lu D. S. Effects of graphite on electrochemical performance of Sn/Ccomposite thin film anodes. Journal of Power Sources, 2008, 184: 481-484.

[40] Wang J. Z., Zhong C., Wexler D., Idris N. H., Wang Z. X., Chen L. Q., Liu H. K. Graphene-encapsulated Fe_3O_4 nanoparticles with 3D laminated structure as superior anode in lithium ion batteries. Chemistry-A European Journal, 2011, 17: 661-667.

[41] Raju V., Rains J., Gates C., Luo W., Wang X. F., Stickle W. F., Stucky G. D., Ji X. L. Superior cathode of sodium-ion batteries: orthorhombic V_2O_5 nanoparticles generated in nanoporous carbon by ambient hydrolysis deposition. Nano Letters, 2014, 14: 4119-4124.

[42] Zheng T., Xue J. S., Dahn J. R. Lithium Insertion in Hydrogen-Containing Carbonaceous Materials. Chem. Mater., 1996, 8: 389-393.

[43] Suzuki T., Hasegawa T., Mukai S. R., Tamon H. A theoretical study on storage states of Li ions in carbon anodes of Li ion batteries using molecular orbital calculations. Carbon, 2003, 41: 1933-1939.

[44] Yoo E., Kim J., Hosono E., Zhou H., Kudo T., Honma I. Large reversible Li storage of graphene nanosheet families for use in rechargeable lithium ion batteries. Nano letters, 2008, 8: 2277-2282.

[45] Yang X. W., He Y. S., Liao X. Z., Ma Z. F. Improved Graphene Film by Reducing Restacking for Lithium Ion Battery Applications. Acta Physico-Chimica Sinica, 2011, 27: 2583-2586.

[46] Wang G. X., Shen X. P., Yao J., Park J. Graphene nanosheets for enhanced lithium storage in lithium ion batteries. Carbon, 2009, 47: 2049-2053.

[47] Yang S. B., Feng X. L., Zhi L. J., Cao Q. A., Maier J., Mullen K. Nanographene-constructed hollow carbon spheres and their favorable electroactivity with respect to lithium storage. Advanced Materials, 2010, 22: 838-842.

[48] Fan Z. J., Yan J., Ning G. Q., Wei T., Zhi L. J., Wei F. Porous graphene networks as high performance anode materials for lithium ion batteries. Carbon, 2013, 60: 558-561.

[49] He Y. S., Gao P. F., Chen J., Yang X. W., Liao X. Z., Yang J., Ma Z. F. A novel bath lily-like graphene sheet-wrapped nano-Si composite as a high performance anode material for Li-ion batteries. Rsc Advances, 2011, 1: 958-960.

[50] Zhao X., Hayner C. M., Kung M. C., Kung H. H. In-Plane Vacancy-Enabled High-Power Si-Graphene Composite Electrode for Lithium-Ion Batteries. Advanced Energy Materials, 2011, 1: 1079-1084.

[51] Chabot V., Feng K., Park H. W., Hassan F. M. Elsayed A. R., Yu A. P., Xiao X. C., Chen Z. W. Graphene wrapped silicon nanocomposites for enhanced electrochemical performance in lithium ion batteries. Electrochimica Acta, 2014, 130: 127-134.

[52] Chang J. B., Huang X. K., Zhou G. H., Cui S. M., Hallac P. B., Jiang J. W., Hurley P. T., Chen J. H. Multilayered Si nanoparticle/reduced graphene oxide hybrid as a high-performance lithium-ion battery anode. Advanced Materials, 2014, 26: 758-764.